今天出门不化妆

丑小鸭变天鹅的18堂课

100多个保养秘诀，一次告诉你！
天然配方全收录

吕游 ◆ 著

长江出版传媒
湖北科学技术出版社

图书在版编目（CIP）数据

今天出门不化妆：丑小鸭变天鹅的18堂课 / 吕游著.
— 武汉：湖北科学技术出版社, 2018.2
ISBN 978-7-5352-9639-9

Ⅰ.①今… Ⅱ.①吕… Ⅲ.①美容—基本知识 Ⅳ.
①TS974.1

中国版本图书馆CIP数据核字(2017)第212872号

著作权合同登记号　图字：17-2017-308

本书通过四川一览文化传播广告有限公司代理，
经雅书堂文化事业有限公司授权出版

责任编辑：李　佳		封面设计：王婷婷	
出版发行：湖北科学技术出版社		电　　话：027-87679468	
地　　址：武汉市雄楚大街268号		邮　　编：430070	
（湖北出版文化城B座13-14层）			
网　　址：http://www.hbstp.com.cn			
印　　刷：北京和谐彩色印刷有限公司		邮　　编：101111	

710×1000　1/16　　　　　　13.5 印张　　　　　　200 千字
2018年2月第1版　　　　　　　　　　　　　　2018年2月第1次印刷
　　　　　　　　　　　　　　　　　　　　　定　价：39.80 元

本书如有印装问题可找本社市场部更换

推荐序

以天然、正确的方式养颜美容

廖婉绒

身为中医师，经常有许多有皮肤困扰的患者前来求助，这些患者在寻求中医帮助之前，几乎都已经试过其他各种方式：花大钱涂抹昂贵的保养品，勤去做医学美容、SPA护肤，当然也擦了不少西药药膏。只要皮肤出了一点状况，就费尽心思地找寻各种治疗方法，最后会来寻求中医，几乎都是"走投无路"了。"医生，我绝对不是懒女人，我花了很多金钱和时间在皮肤上，但是却不见成效，所以我想可能是体内出了问题。"

的确，皮肤是反映身体内部状况的镜子，《黄帝内经》的"脏象学说"中关于美容的部分，提到要"养于内、美于外"，如果脏腑功能失调，气血不顺，精气不足，阴阳失调，就会反映在皮肤上，导致肌肤问题层出不穷。所以书中提供了不少从内而外的调养方法，可利用花茶、药膳、煲汤等，借着调理内部脏腑气血阴阳，改善外在肌肤的问题。

但我发现这些有皮肤困扰的病患，不只是体内出问题，回归到最基本的保养上，也出了很大的问题。我经常告诉他们："保养皮肤不是只有'勤劳'就够了，而是要用对保养方式，不正确的保养，对皮肤反而是一种伤害。"

大家经常忽略一件事，就是皮肤本身就有通过自我调控让肌肤维持在健康状态的能力，使用不正确的保养方式，反而会破坏肌肤"自我修复"及"自我保护"的能力。像是书中提到的"外油内干"肌肤的护理重点，不是要去油，而是要加强补水，因为这类皮肤处在水油不平衡的状态，为了减少水分蒸发，皮脂腺不断出油保水，看起来脸上油汪汪，皮肤内部却因缺水而干巴巴的。

我接触过许多有这类肌肤问题的病患，花大钱买了能"深度清洁"的强力洗面乳，早晚外加中午勤洗脸去油，殊不知过度洗脸，往往会造成皮肤水分和油脂流失，导致严重的水油不平衡，皮脂腺为了保护水分反而会分泌更多的油脂，使得肌肤问题更加恶化。所以书中提到：这类肌肤只要每天早晨用清水洗面，晚上入睡前做一次深层清洁，对脸部清洁来说就已经足够。过度的保养，对肌肤反而是沉重的负担，可见正确的保养知识有多重要了。

这本书中提供了不少纯天然的保养方式，在没有添加防腐剂、塑化剂等化工添加物的前提下，用天然的中草药、食材等DIY天然保养品，花小钱也能立大功。但是，我要提醒大家在使用这些天然DIY保养品之前，要先涂抹在自己手臂内侧的皮肤上，测试20分钟后没有过敏反应，才能涂抹在脸上，毕竟每个人的肤质敏感度不同，多一道手续是必要的。

书中从正常肌肤的基础护理，谈到问题肌肤的特别护理，更难得的是还有针对全方位肌肤（眼、唇、颈、背、手、腿、足等）的护理，毕竟肌肤是保护身体的第一道屏障，不能只重视脸部的护理，全身每一寸肌肤都要照顾到。"素颜"是面对自己最真实的时刻，即使"天生丽质"也经不起时间残酷的考验，所以肌肤绝对是需要照顾的，不只要摆脱懒女人，还要做个"聪明而认真的女人"，阅读完这本书，一起从内在的调理，到外在的正确保养，给自己真正的素颜好气色。

前言
爱美之心，人皆有之

对女人来说，美丽是愿意为之奋斗一生的事业。

美女们一般都有细嫩、光洁、白皙的皮肤，好皮肤给人一种健康向上的感觉，也是塑造"第一眼美女"的重要因素。健康的肌肤是美丽的基础，就像一张质地优良、洁白无瑕的纸张，能让画家发挥灵感，绘出令人叹为观止的图画。

非常遗憾的是，有的女孩认为皮肤是不值一提的小问题。其实一两颗小痘痘或小斑点，往往是皮肤亮出的红灯，这时皮肤往往仍处在调养和护理的最佳时期，但她们却完全无视这些小毛病，非要等到黑头遍布、干燥到脱皮、满脸痘疤才后悔莫及。

还有一些女孩认为皮肤问题不过是浅层次的表面现象，化妆品可以轻松地把不好看的皮肤遮挡住，比起肌肤的保养和调理，既快捷又方便。殊不知化妆品往往含有防腐剂，即便是在安全剂量以内，经年累月化浓妆，有害成分累积起来仍不可小觑。而且，谁也不可能24小时戴着化妆品堆砌成的"假面具"，卸了妆后如何面对自己那张惨不忍睹的脸呢？

当然，也有许多爱美人士意识到皮肤是需要细心呵护的，但却没有掌握适当的方法，以为护肤品越贵越好，护肤程序越复杂越好，结果花了大把钞票，买了大堆护肤产品，皮肤问题却不见改善。

这些错误的行为和习惯，根源在于缺乏正确的皮肤护理和保养观念。天生就拥有好皮肤的幸运儿毕竟是少数，生活在现代都市里，污浊的空气、细小的尘埃、肉眼看不见的细菌，都在威胁着肌肤的健康，即便天生丽质，如不加以细心、正确的呵护，也难以阻挡各种问题的入侵。

  自然健康才是真正的美，白皙、润泽、富有弹性的肌肤，是上天赋予我们最好的装饰，再昂贵的化妆品也打扮不出健康的美丽。正如俗话所说："只有懒女人，没有丑女人。"只要平时努力保养，防患于未然，就能将干燥、水油失衡、痘痘等问题拒之门外。肌肤拥有一定的自我调节能力，只要护理和保养的方法得当，就能拥有婴儿般细嫩完美的肌肤。

  养生是健康之源，也是驻颜之本。中医认为"有诸内必形于外"，通过内在调理，排出身体毒素，就可以养出好气色，从根本上减少皮肤问题，延缓衰老，留住青春美丽的容颜。本书所选的护肤材料皆以常见的绿色植物、天然药材、纯露、精油为主，在普通的美容用品超市、个人护理商店、中医药店和精油专卖店都能买到。从护肤的材料到方式，都力求简单易学、经济实惠，以提高本书的可操作性，使每一个有护肤需要的朋友都能从中找到适合、方便的护肤方法。

  美丽双手加上正确的按摩方法，天然食材辅以营养的烹饪方式，经过适当处理的绿色植物，正确的养生观念，都能帮助爱美之人护肤养颜。护肤本来就不是一件困难复杂的事，坚持和耐心往往更为重要。美丽没有捷径，但正确的方法却能帮助爱美之人更快地到达目的地。愿本书能够授人以渔，将这份凝结经验与心得的纯天然养颜术，带给每个懂得素颜之美的女性，为你们开启更美丽的新生活。

目录

正常肌肤的基础护理

即使是天生丽质的肌肤也需要保养,保湿、控油、美白、防晒、去角质、抗衰老,这是正常肌肤必须经历的护理步骤。柔软光滑的肌肤来自细心温柔的呵护,呵护越多,皮肤也会越健康美丽

- 保湿　肌肤水汪汪的秘密……… 002
- 控油　迅速甩掉"大油田"……… 015
- 美白　"灰姑娘"变身"白雪公主"……… 029
- 防晒　轻松远离紫外线伤害……… 041
- 去角质　解救角质堆积的肌肤……… 053
- 抗衰老　再现光彩容颜……… 062

问题肌肤的特别护理

受外界或是自身体质的影响，每个人多多少少都会有一些肌肤问题。痘痘、毛孔粗大、黑头、粉刺、红血丝……都是问题肌肤的预警。想把这些烦恼一扫而空？方法对了，便不是难题

祛痘　别再叫我"豆花妹"………076
祛斑　白嫩皮肤没斑点………088
紧致毛孔　完美肌肤"零毛孔"………096
祛黑头　抢救"草莓脸"………106
除粉刺　全歼粉刺不留情………114
消红血丝　消除双颊"高原红"………124
抗敏感　为肌肤撑开"保护伞"………132

局部护理,全方位呵护肌肤

很多人把肌肤护理的重点放在脸部,却忽略了对其他部位肌肤的照顾。这种偏心往往会导致白脸黑脖、"熊猫"臂、脱皮腿、皱脚跟、痘痘背等诸多问题,一不小心就陷入尴尬境地。本章将为大家准备一份护肤的完全版手册——沿着每一寸裸露的肌肤去护理

再见电眼魅力⋯⋯⋯⋯ 144

做个"唇情美人"⋯⋯⋯⋯ 156

手、足、腿总动员⋯⋯⋯⋯ 165

不可忽视的秀颈和美背⋯⋯⋯⋯ 181

巧妙去除体毛⋯⋯⋯⋯ 192

正常肌肤的基础护理

即使是天生丽质的肌肤也需要保养，
保湿、控油、美白、防晒、去角质、抗衰老，
这是正常肌肤必须经历的护理步骤。
柔软光滑的肌肤来自细心温柔的呵护，
呵护越多，皮肤也会越健康美丽

保湿 肌肤水汪汪的秘密

水是完美皮肤的动力之源

角质层是皮肤保湿的关键角色

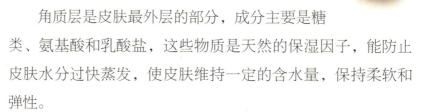

俗话说："女人是水做的。"水和皮肤的关系要从皮肤的生理构造说起。

角质层是皮肤最外层的部分，成分主要是糖类、氨基酸和乳酸盐，这些物质是天然的保湿因子，能防止皮肤水分过快蒸发，使皮肤维持一定的含水量，保持柔软和弹性。

皮肤角质层的水分含量，往往决定着皮肤的外观。婴幼儿时期，人的皮肤娇嫩饱满，吹弹可破，是一生中最完美的时期。这是因为婴幼儿体内的水分占体重的80%以上，角质层含水量高达30%，是成年人的2倍左右，充足的水分自然滋养出细致光泽的肌肤。

补水抑或保湿？傻傻分不清楚

当皮肤处于缺水状态时，光保湿就行了吗？

答案是否定的。补水是保湿前的重要护肤步骤，常常被忽略，或和保湿混为一谈。其实，补水比保湿更重要，是两个完

全不同的概念。

当皮肤"干渴"时,需要补充水分的其实是皮肤角质层细胞。所谓补水,就是直接让皮肤细胞"喝"饱水,让水分充分深入皮肤,与缺水的细胞结合,促进细胞内环境的微循环。皮肤的含水量增多,看起来自然饱满富有弹性。

皮肤像一片湿润的土地,如果没有植被的覆盖,表面的水分会很快蒸发、流失。所谓保湿,就是在皮肤外表形成一层类似植被的保护膜,防止水分过快流失,甚至通过空气吸收水分子,保持皮肤表面的湿润,远离干燥。很多保湿型的护肤产品就是利用这个原理,"以油包水",达到锁水保湿的效果。

由此可见,保湿与补水,一个是从表面上锁住水分,一个是往内部注入水分,一个治标,一个治本,两者是不同的。

Point 皮肤失水的原因

*年龄因素
随着年龄增长，角质层天然保湿因子含量和分泌物质都在减少，角质层作为防水障壁的功能逐渐减弱。

*环境因素
长时间待在暖气、冷气房里，会加快皮肤水分蒸发速度；干燥寒冷的秋冬季节，相对湿度低，水分蒸发散失加快。

*过多接触化学物质
洗衣粉、洗洁精等洗涤剂多是碱性，做家务时频繁接触，引起角质层脱水。

*使用不当的化妆品和护肤产品
长期使用含有酒精的化妆品和护肤产品、碱性过高的香皂或洗面乳，易引起皮肤缺水。化妆品和护肤产品若油脂含量过高，往往会使毛孔不能正常代谢，角质层变厚，皮肤保水能力降低，弹性减弱。

*不良的生活习惯
过少的饮水量不能充分供应皮肤需要，饮食结构不均衡、长期熬夜或失眠，都会影响皮肤的正常代谢，使皮肤干燥缺水。

成年之后，人体内水分含量会自然减少，加上代谢变缓，皮脂腺分泌失调，皮肤很容易处于干渴缺水的状态。当角质层的含水量降低到10%以下，人的皮肤就会失去弹性，变得干枯粗糙。应对这种问题，最好的办法是先补水后保湿。

正确饮水

无论是从身体健康还是皮肤护理的角度，多喝水都是必要的。但身体解渴，皮肤就能解渴吗？多喝水就能为皮肤保湿吗？

喝下去的水并不能直接被皮肤所吸收，却可以保证有充足的水分流向表层，供皮肤代谢使用。多喝水，而且要喝对水，才能为皮肤提供源源不断的"水动力"。

科学研究证明，正常人每天身体代谢需1.5升的水分，每天至少应当补充8杯150毫升的水。当然也要参照个人的活动量，活动量大、流汗多的人，应当适当增加水的摄入量。

口渴是大脑发出的信号，说明身体已经处在慢性缺水状态，如果这时才喝水，等水分运送到皮肤时，皮肤恐怕要因为缺水而"崩溃"了。人体代谢应当赶在口渴前就补充水分，养成定时喝水的习惯，才能使皮肤始终处于饱满不缺水的状态。

正确的喝水方法是半个小时一次，每次饮水量以100～150毫升为宜。

水不含添加剂，热量低，比起令人眼花缭乱的果汁、碳酸饮料、运动饮料、维生素饮料，直接喝水最经济，也最健康。但喝水时应该注意：蒸馏水酸性过大，长期饮用会伤害身体；纯净水经过多重过滤，虽然有害物质被清除，但因缺乏有益的矿物质也不利于健康；经过净化的矿泉水，矿物质含量丰富，呈弱碱性，接近血液的pH值，对皮肤的代谢大有裨益。

白开水解渴效果最好，进入人体后能够有效调节体温、输送营养成分、帮助排出身体毒素，但应当注意的是，隔夜的凉开水最好不喝。

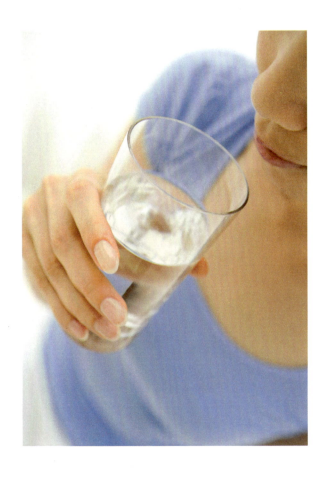

茶饮补水

冰糖莲藕茶

中医云："肺主皮毛。"肺好，皮肤才会饱满细滑。莲藕有润肺清心的功效，特别是秋后的莲藕，能有效缓解秋燥，滋养肺部，充分补水。冰糖莲藕茶热饮、冷饮均适宜，带到办公室饮用非常方便。

材料
莲藕1节、冰糖适量。

做法
将莲藕洗净去皮，切成薄片，放进砂锅，加入1升左右的清水，煮开后倒入适量冰糖，再以文火慢煎10分钟。滤去藕片取汁饮用。

百合花红糖水

药用百合花味苦，中医认为，味苦的药物多归心经。百合花可以抚慰情绪、改善睡眠、补气润肺。红糖可以改善苦味，抗氧化。百合花红糖水制作方便，是办公室一族必备的补水佳饮。

材料
百合花10克（中药店可买到）、红糖适量。

做法
将百合花和适量红糖放入杯中，沸水冲泡后焖约10分钟，即可饮用。

正常肌肤的基础护理

补水面膜

芦荟保湿修护面膜

无论食用还是外敷，芦荟都是女性美容的上选。芦荟肉中含有饱满的水分，同时含有木质素，能在皮肤上形成天然的保湿膜，有效锁住维生素E中的滋养成分，同时阻止水分蒸发。芦荟有很好的舒缓作用，能够缓解春季常见的脸部过敏症状，不仅能补水，还可以镇静和修复皮肤。

材料
维生素E胶囊2粒、食用鲜芦荟叶2片、面粉适量。

做法
1. 将鲜芦荟洗净后去皮，取透明状的芦荟肉切丝。
2. 以干净的医用纱布包住芦荟细丝，挤出汁液备用。
3. 剪开胶囊，将维生素E加入芦荟汁中，再将面粉倒入后调匀成糊状。
4. 清洁脸部后，避开眼睛，将面膜均匀涂抹在脸上，20分钟后清洗即可。

苦瓜清凉面膜

苦瓜中的维生素B_1和维生素C含量在蔬果中位居前列，能够阻止皮肤中黑色素的生成。苦瓜含水量高达94%，是补水良品，还有防止发炎、美白的超强功效。苦瓜面膜清凉补水，适合在炎炎夏日使用。

材料
苦瓜1条。

做法
将苦瓜洗净后放入冰箱冷藏15分钟，取出切成薄片，厚度以透明为宜。将苦瓜薄片直接贴在脸上，15分钟后取下苦瓜片即可。

补水面膜

豆花滋养面膜

豆制品中富含维生素C和维生素E，具有良好的美容功效。豆花细软凉滑，敷脸可补充皮肤所需的水分与养分。蜂蜜外用可以滋养、润泽皮肤。豆花补水面膜尤其适合干燥的秋冬季节使用。

材料

豆花50克、蜂蜜20克、面粉20克。

做法

将所有材料放置在容器中，充分搅匀成糊状敷在脸上，20分钟后洗净。

喷雾——随身必备的保湿帮手

喷雾是保湿护理的必备品,因携带便捷,可随时随地使用而备受青睐。在干燥的环境下或感到皮肤紧绷时,一瓶小小的喷雾可以短时间缓解脸部不适,瞬间补水和保湿。敷完补水面膜,喷几下保湿喷雾,可令补水效果事半功倍。

市售喷雾多是纯天然的矿泉水,其实只要掌握方法和成分,自己制作的喷雾就能达到同样的效果,更加经济实惠。

Point 正确使用保湿喷雾

使用喷雾时,喷雾瓶应距离脸部15~20厘米,闭上眼睛,按压喷头4~5次,使喷雾均匀覆盖脸部。1分钟后,以掌心轻轻拍打脸部助其吸收,或以干净柔软的纸巾按压,吸去多余的水分。

补水喷雾

普洱"神仙水"

普洱茶被称为"神仙水",具有保湿、抗氧化效果。天然蜂蜜含有丰富的水性保湿成分和抗菌物质,在保湿的同时,又相当于天然的杀菌消毒剂。

材料

天然蜂蜜5克(约1小匙)、普洱茶10克、天然矿泉水200毫升、无菌喷雾瓶1个。

做法

1. 矿泉水加热至沸腾,冲泡普洱茶,取第三道茶水。
2. 取50毫升茶汁装入喷雾瓶中备用。
3. 在普洱茶汁中加入天然蜂蜜,盖上盖子后摇匀,待冷却后作保湿喷雾使用即可。

竹叶甘油喷雾

甘油被广泛用于化妆品中,作为保湿剂使用。而竹叶中富含天然保湿因子硅,能形成保湿防护膜,防止水分过快蒸发,保持皮肤水润。由于喷雾中不含抗菌防腐的物质,放置时应避免日光直射,并在3天内用完。

材料

干竹叶100克、天然矿泉水500毫升、甘油20毫升、无菌喷雾瓶1个。

做法

将干竹叶以水冲洗后,放入矿泉水中,以小火加热至沸腾后煎5分钟。滤去竹叶取汁,冷却后滴入甘油,搅匀即可使用。

> **Note 干竹叶、甘油:** 干竹叶有药用价值,也可用来冲饮,中药店或部分茶叶店可买到。甘油的化学名为甘油丙三醇,有甜味,为无色透明黏性液体,有良好的吸水性,常用来作为化妆品的原料,在化妆品原料行可买到。

补水喷雾

玻尿酸玫瑰花水

玻尿酸是目前自然界中保水效果最好的物质,可以吸收50倍于自身的水分子,是护肤产品中最常见的保湿成分,能有效巩固玫瑰纯露的补水效果,快速提升皮肤表面的含水量。这款玻尿酸玫瑰花水制作方便,也可以当作爽肤水使用,保存期长达1个月,但应注意避免日光直射。玻尿酸可以在化妆品原料行买到。

材料

玫瑰纯露200毫升、玻尿酸原液5毫升、无菌喷雾瓶1个。

做法

取无菌喷雾瓶,将玻尿酸原液滴入玫瑰纯露,充分摇匀后即可使用。

良好的淋浴习惯

经常淋浴和泡澡能够去除皮肤上的污垢,增强皮肤的代谢能力,疏通毛孔,提供吸收水分的活力。但干燥的秋冬季节,沐浴水温不宜超过45℃,时间以15分钟为宜,过高的水温和过长时间的浸泡,会损伤皮肤表面的保护层,反而影响角质层的保湿能力。

拍打肺经

寒冷干燥季节,肺部容易受到侵袭,造成皮肤缺水。在秋冬季节,每天敲肺经,可以增强肺的活力。通常从中府穴开始,依次经云门、天府、侠白、尺泽、孔最,至列缺、经渠、太渊、鱼际、少商等穴位,每个穴位轻敲1分钟。

正常肌肤的基础护理

练习逆腹式呼吸

逆腹式呼吸又称婴儿式呼吸，是婴幼儿主要的呼吸方式。一般顺腹式呼吸特征是吸气时腹部凸出，呼气时腹部凹进，逆腹式呼吸方法则相反，吸气时腹部凹进，呼气时腹部恢复原状。练习时采取站姿、坐姿均可，将注意力集中在呼吸上，舌尖上翘轻轻顶住上颚，慢慢以鼻腔吸气，同时腹部内收、胸部上提、横膈膜下移；吸满空气之后徐缓吐气，呼气时腹部渐渐恢复到原来状态。

中医认为，舌尖上下分别分布着任脉和督脉的端口，逆腹式呼吸使任督二脉得以畅通，阴阳调和，令体液分泌更加充沛，有效滋润肌肤。

水嫩润泽的美肌离不开水分的滋养，保湿补水堪称皮肤护理的必修课。补水是基础，为皮肤正常代谢提供动力，保湿则为皮肤锁住水分。做好这两项护肤功课，就能有效避免皮肤干燥，减缓细纹产生和皮肤衰老的速度，拥有饱满而富有弹性的皮肤。

控油 迅速甩掉"大油田"

解读出油的秘密

掌管皮肤油脂分泌的是人体的皮脂腺。它是一种泡状腺体，分布在除手、脚外的全身真皮层，以脸部和背部最多。

皮肤里的秘密角色——皮脂腺与皮脂

通常说的"出油"，指的就是皮脂腺分泌出皮脂，这些皮脂是由甘油三酯、脂肪酸、磷脂、脂化胆固醇等成分组成。皮

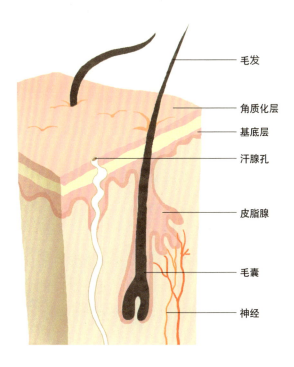

毛发
角质化层
基底层
汗腺孔
皮脂腺
毛囊
神经

正常肌肤的基础护理

脂通过皮脂腺的导管进入毛囊，再经过毛孔排出去，到皮肤表面时成为半固态的油脂状。

一般成年人每天分泌皮脂在24～40克之间，但有40%以上的成年人是油性皮肤，他们的出油量远远大于这个数字。

出油并非一无是处

很多人为夏日的满面油光而苦恼，但是出油并非百害而无一益。其实皮脂腺分泌油脂是人体正常且必需的代谢活动。皮脂的重要性如下：

1. 皮脂腺分泌正常时，体表的水分和油脂会达到水油平衡，能有效滋润皮肤和毛发，防止皮肤干裂、头发干枯。
2. 皮脂在皮肤表面形成一层乳化皮脂膜，可将空气中的细菌和灰尘阻挡在外。
3. 如果皮脂腺不分泌油脂，就不能阻止表皮水分的蒸发与散失，皮肤就会粗糙。
4. 油性皮肤的人不易起皱纹，比干性皮肤的人显得更年轻，皮肤更有光泽。

出油的五大元凶

*体质决定

基因就是这么强大，如果父母中有人是油性皮肤，下一代就极有可能遗传到。人生不同时期，油脂的分泌量也不同，青春期是油脂分泌最旺盛的时期；25岁之后，"大油田"状况会

逐渐减轻。

*皮肤水油失衡

皮肤缺水时，皮脂腺会自动分泌出油脂，以保持表皮的滋润，"水油失衡"是大部分人脸泛油光的"元凶"。

*环境温度较高

皮肤的温度每上升1℃，油脂的分泌量就会提高10%。周围环境温度较高，皮肤不能良好地散热，是导致大油脸的重要原因。

*激素失调

工作压力、不规律的作息、长时间缺乏睡眠，都是现代女性常出现的问题，往往会导致激素紊乱，雄性激素分泌过多。而雄性激素的分泌量与皮肤的油脂分泌量往往成正比。

*饮食过于油腻

饮食摄取过多油脂，正常的内部代谢过程消耗不了，就会通过皮脂的分泌将油脂排出体外。

关于控油的迷思

油性皮肤营养过剩，无须保养

总有油性皮肤的朋友会说："我什么护理都不敢做，怕营养过剩，油上加油。"这完全是误解。

出油过多，证明皮肤的水分和油脂分泌的动态平衡被打破，处在油多水少的状态，并不能证明营养过剩。护肤应当在减少皮肤"油"负担的前提下进行,以清爽补水为主。对问题皮肤置之不理,任由它缺水出油,长期下去会引起脸部干燥脱皮,还会促使皮肤提前衰老。

控油不问青红皂白,一把抓就好

常有急性子的人,不仔细分析皮肤的状态,"油田"当前,闭上眼睛就控油。其实每个人肌肤的情况不同,出油的部位也不同,如果不了解皮肤的状况,只会事倍功半。

"大油田"可以分为"内外皆油""外油内干""时油时不油"3种情况,不同的情况,有不同的应对方法。

* 内外皆油——深层清洁

水油平衡的皮肤往往柔软有光泽,是皮肤的最佳状态。但偏偏有些人皮肤水分含量很充足,"油田产量"也很可观。这种"内外皆油"的人,皮脂腺异常活跃,毛孔出油快,对细菌的抵抗力较弱。日常护理的重点应该放在深层清洁上,及时除去脸部的堆积油脂。

* 外油内干——加强补水

大部分出油严重的皮肤处在水油不平衡的状态。为了减少水分蒸发,皮脂腺不断出油保水,看起来脸上油汪汪,皮肤内部却因缺水而干巴巴的。为皮肤补充充足的水分可有效缓解油脂的过度分泌,"外油内干"的皮肤护理的主要工作就是补水。

* 时油时不油——调养身体

这种皮肤问题往往有季节性。夏天太热,总是油光满面,冬天寒冷干燥，皮肤紧绷时又脱皮。应对季节性的"时油时不油"，应当加强对皮肤的调理，方法也应随着季节、环境的变化而调整。夏天注意控油，冬天以补水和滋润为主。对身体的调养也很重要，平时应多吃水果蔬菜，调整心态，释放压力，保持充足睡眠，使体内的代谢活动达到正常、平和的状态。

洗脸可以去油光，多多益善

脸上的油光总让人备感尴尬，能把刚洗完脸后的清爽一直保持下去就好了。有的女性朋友一冒油就洗脸，恨不得让油光一洗而光。洗脸确实可以洗掉脸上的油脂，但过度洗脸，往往会造成皮肤水分和油脂损失，皮脂腺为了保水反而会分泌更多的油脂，导致严重水油不平衡。每天早晨清水洗面1次，晚上入睡前深层清洁1次，对脸部清洁来说已经足够，即使在炎热

Point 食盐洗面法

将1小匙食盐放在手心中，滴数滴清水，使食盐慢慢溶化后，在脸上打圈按摩，对鼻翼两侧毛孔做挤压按摩，注意避开眼部和嘴唇。盐有杀菌作用，微粒食盐可以有效清除毛孔中的油脂与灰尘，能深度清洁脸部肌肤。

的夏天，也最多在中午增加1次即可。在洗脸水中加点盐，有很好的控油效果。

吸油纸是"油田"的大救星

吸油纸源于日本，一张薄薄的纸片，轻轻擦拭就能保持脸部的清爽，携带方便，见效明显，堪称上班族消灭油光的大救星。但是，常常使用吸油纸的人往往会发现，出油速度越来越快，吸油纸的使用频率越来越高。

*正确使用时机

频繁使用吸油纸，也是一种过度清洁，反而会促使皮脂腺更快分泌油脂。吸油纸只适合在油光满面时救急，一定要把握分寸，每天使用以不超过2次为宜。

午间温度较高，午餐摄入后，油脂分泌增多，适合使用吸油纸；傍晚时分，皮肤经历了一天的疲劳，处于缺水的高峰，也可以使用1次吸油纸。

*正确使用方法

有人误以为大力擦拭可以让吸油纸吸走毛孔中的油脂，其实，吸油纸只能用来吸取表皮的油脂，大力擦拭会伤害到皮肤，轻轻按压才是正确的手法。使用时将吸油纸贴在中指和食指上，从出油量最大的T字部位开始按压吸油，然后逐渐移到鼻翼、额头、两颊。出油面积大的女性，可以用干净的粉扑代替手指按压，吸油纸会更服帖，效果更均匀、更干净。

紧急控油,"油田"瞬间变美颜

一觉醒来,脸上已经油光四射了;空调暖风一打开,吹得脸上直冒油;夏天只要一出门,必是满面油光……这些烦恼无处不在,但往往下一刻就是面试、约会的关键时刻,怎么摆脱油光?动动手就搞定!当然这只是表面上的控油,不能根本解决出油问题,但足够作为出门前的"急救"了。

珍珠粉扫除油花

先清洁脸部,然后擦干双手,取指甲盖大小的珍珠粉放在掌心,在脸部拍匀。手指蘸上清水,以指尖和指腹轻轻在脸部进行挤压式按摩,T字部位是重点部位。按摩3分钟后,以清水冲净。

美容用的珍珠粉是纳米微粒,颗粒极细,吸附油脂和清洁毛孔的效果都非常明显,用它来清洗、按摩脸部,能令皮肤在短时间内保持清爽。

薏仁水保持24小时无油感

将20克薏仁洗净后,在100毫升的矿泉水中浸泡2~3个小时。将薏仁水放入喷雾瓶,冰镇后用来喷脸,或浸泡压缩面膜后敷脸20分钟。

薏仁是美容食品,B族维生素含量很高,药用有清热排脓的作用。而维生素B_6是控制皮肤油脂分泌的重要元素,所以,薏仁水的控油时间长,可以保持脸部一整天都不出油的清爽。

控油液关闭"油门"

苹果汁控油液

苹果中含有天然果酸，果酸能够到达真皮组织，通透毛囊，从源头控油。脸部出油严重时，也可以避开眼部用苹果汁湿敷全脸，能明显减少出油，让皮肤细腻光滑。

材料

苹果2个、化妆棉数片。

做法

将苹果榨汁过滤，浸湿化妆棉，敷在T字部位，20分钟后清洗。

白醋控油液

酸性物质对脂类有分解作用，白醋中的醋酸能有效分解皮肤表面的油脂，减少脸部油光感。由于醋酸有一定刺激性，只适合在油脂旺盛的T字部位使用。

材料

纯白醋100毫升、纯净水300毫升、化妆棉数片。

做法

按照1:3的比例将白醋和纯净水混合，浸湿化妆棉后在T字部位轻轻按压1分钟，以温水洗净。

正常肌肤的基础护理

全程戒备，油光不再有

既然油脂的分泌与内分泌系统有关，控油便不是短时间内可以解决的问题。除了在油脂分泌较多的夏季需要做针对性的护理，"大油田"更需要平时温柔耐心地对待，在整个护肤的过程中，都把控油摆在首位，全程戒备，坚持到底，才能和"油田"说再见。

清洁——以冷水、温水交替洗脸

油脂很容易吸附灰尘，当然要注意清洁，但洗脸时应注意，较高的水温会促进油脂的分泌，因此不要以太热的水刺激脸部。以冷水和温水交替洗脸，能加快皮肤的新陈代谢速度，将皮肤表层的油脂和灰尘及时清除。

Point 清酒洁脸法

将日本清酒50毫升与温水1升调和，直接清洗脸部。日式清酒含有酒精，可帮助皮肤杀菌，加速血液循环，又不会因浓度过高而伤害皮肤。清酒中的酵素能够抑制皮肤分泌过多的油脂，深入清洁毛孔，让皮肤光滑细致。

打开毛孔

控油真正有效的方法是作用于皮脂腺,从内调理油脂分泌,逐步实现水油平衡。那些通过收紧毛孔减少油光的产品,让油脂堵在毛孔中,反而更容易引发痘痘。维生素B_6是调节油脂分泌的重要元素,所以适当地多吃一些B_6含量高的香蕉、薏仁等食品,可以减缓油脂的分泌速度,通畅毛孔,帮助皮肤吸收和代谢。

晚间进行深层护理

一天24小时,皮脂腺的分泌并不是一样活跃。夜晚,特别是入睡后的两三个小时,毛囊皮脂腺通道在经历了一段时间的休息后,更加润滑通畅,皮脂腺往往会在这个信号的作用下变得更加活跃。所以调节皮脂腺的最佳时机应该是在晚上。

Point 香草蒸脸浴

将1升左右的水加热至沸腾后,在热水中加入鼠尾草与柠檬香草各10克,装入盆中。清洁脸部待水温略加冷却后,将脸部停留在距离水面约20厘米处,以蒸气蒸脸。10分钟后以冷水冲洗脸部。水蒸气中所蕴含的香草植物成分能够舒张毛孔,去除多余油脂。

牢牢抓住睡前的时间，在毛孔舒张后，做个深层护理的控油面膜，给皮脂来一场"大扫除"，才是斩草除根的王道。

控油是皮肤护理时不得不面对的难题，尽管控油是"面

子"问题,却不能仅停留在表面,更应当往"深处"下功夫。了解皮肤出油的真正原因,采取对应措施,并将控油融入整个护肤过程中,拥有清爽洁净肌肤的那一天,就不会太遥远。

控油面膜关闭"油门"

酵母优酪乳面膜

优酪乳含有丰富的天然乳酸成分，能有效清洁毛孔中堆积的油脂，防止毛孔堵塞。酵母粉可以温和地去除角质，加快皮肤的新陈代谢，控油清洁的效果只需一两次就非常明显。

材料

食用酵母粉15克、无糖优酪乳30毫升。

做法

将酵母粉和优酪乳按照1：2的比例混合，搅拌均匀，清洁脸部后涂抹面膜，15分钟后清洗。涂抹时避开眼部，以每周2~3次为宜。

绿茶鲜奶泥面膜

绿茶鲜奶泥面膜在控油方面堪称"内外兼修"。天然高岭土是深层清洁面膜常添加的成分，微小的泥土颗粒有很强的吸附性，能够吸走毛孔内的多余油脂。鲜奶能舒缓和滋润皮肤，而绿茶的单宁酸成分可以增强皮脂膜强度，有效收缩毛孔、锁住水分。高岭土在化妆品原料行可以买到。

材料

高岭土30克、绿茶粉15克、鲜奶适量。

做法

将高岭土与绿茶粉混合后加入鲜奶，高岭土水溶性低易沉淀，需要多次搅拌，调成泥状。清洁脸部后，将混合物敷在脸上20分钟后洗净。敷面膜的过程中可以使用喷雾，保持脸部湿润。

美白 "灰姑娘"变身"白雪公主"

影响肌肤白皙的因素

爱美的女生心中都有一个"白雪公主梦",向往白皙透明的肌肤。天生白皙当然非常幸运,但后天不懈的努力和正确的美白方法,也能让你离梦想越来越近。

"一白遮三丑",嫩白的皮肤可以提升人的气质,弥补五官和身材的不足。亚洲人天生黄皮肤,脸色易晦暗,一不小心就变成"黄脸婆""灰姑娘",在美白护肤上,需要花费更多的心思和工夫。

探究影响皮肤白皙的因素,永远是美白的第一堂课。

皮肤黑色素含量高

皮肤的颜色和皮肤中黑色素含量的多少有直接的关系。黑色素含量较高的人往往皮肤黝黑,黑色素含量少的人则相对白皙。

遗传学证明,肤色是父母"中和"的结果。如果父母双方肤色都比较黑,子女往往就遗传到黝黑的肤色。此外,过多的紫外线照射会加快黑色素形成的速度,也就是"晒黑"。

皮肤老化粗糙易暗沉

人们常以"嫩白"形容好皮肤——既形容出了肤色的白皙，还体现着皮肤所呈现的光泽和透明感。在皮肤代谢的后期，黑色素会转移到角质层，最终以死皮的方式脱落。而老化、粗糙的皮肤代谢减缓，会造成黑色素沉淀，时日长久，就会让皮肤变黑、暗沉、失去透明感。风吹日晒会导致角质层受伤、细胞排列无序，使皮肤变得粗糙不平，失去白皙健康的皮肤所具备的光泽感和弹性；空气污染和电脑辐射则导致灰尘在皮肤上沉积，使肤色变得暗淡无光，这样的肌肤自然也谈不上好。

血液含氧量低影响气色

血液中的含氧量也是影响肤色的重要因素。当体力充足、血液循环顺畅，血液中的含氧量充沛，脸色就会更加白皙红润、有光泽。脾气不好、肝气郁结的人，或体弱多病、元气不足的人，往往气血不畅，血液携带氧气的能力下降，就会引起脸色暗沉。即使皮肤天生较白的人，在疲惫劳累时也会显得蜡黄、暗沉，这就是我们平时所说的气色不好。

食物色素沉淀导致肤色变黄

日常摄入的食物含天然色素，某些食物摄入过多时，会造成有色物质沉淀，导致皮肤变黄。食用大量类胡萝卜素含量高的南瓜、木瓜、橘子、胡萝卜后，就会造成皮肤发黄、变暗。但这只是暂时性的，只要停止摄取，等色素在代谢过程中被分解后，肤色就会恢复自然。

击溃黑色素，从源头美白

黑色素是一种黑褐色的色素，主要成分是蛋白质。最初，它作为"黑色素体"悄悄"潜伏"在皮肤底层的"黑色素细胞"中。血液是人体循环和代谢的重要媒介，血液中活跃着许多氨基酸，酪氨酸就是其中一种。在紫外线的刺激下，酪氨酸酶产生反应，促使酪氨酸在黑色素体中经过一连串复杂的氧化反应生成黑色素。

每个人皮肤的表皮层中都含有一定量的黑色素，它们的数量决定着肤色。黑色素含量高，往往皮肤较黑，反之则比较白皙。黑色素的数量并不是固定值，当体内黑色素含量骤然升高时，肤色就会明显加深、变黑。

皮肤美白方法论

了解黑色素形成的原理，才能有效抑制黑色素形成，从源头上制定美白计划。皮肤的抑黑过程，也要从黑色素的形成入手，逐个击破。

*隔离紫外线刺激

紫外线是黑色素形成过程中最重要的外界刺激，隔离紫外线可以有效减少黑色素的形成，所以，加强防晒能够防患于未然。

※ **抑制酪氨酸酶活性**

酪氨酸酶活性与黑色素形成的数量和速度有直接的关系。减少酪氨酸酶的数量或降低其活性，是美白护肤最常用的方法。维生素C是酪氨酸酶的头号敌人，需要美白的女性应当注意补充维生素C，多吃维生素C含量高的水果，如柳橙、柠檬、猕猴桃等。

※ **增强细胞抗氧化能力**

黑色素的形成是一个氧化过程，提升细胞的抗氧化能力，就能减慢反应的速度。维生素A、维生素C、维生素E号称"抗氧化三剑客"，番茄、葡萄、绿茶都含有大量的天然抗氧化物质，是美白必不可少的食物。

※ **去除黑色素潜伏的表皮**

黑色素颗粒将随着细胞的代谢被转移到皮肤的最外层角质层，最终随着老化的角质，即死皮细胞，一起脱落。及时清除死皮能减少表皮中黑色素含量，为了白皙的皮肤，去角质工作不容忽视。

按一按变白皙

护肤工作一丝不苟，但皮肤似乎不领情，依旧暗淡、发黄，离梦想中"白雪公主"的样子越来越远，这是肌肤中的毒素在作怪。

在毒素作祟、皮肤代谢不畅的状况下，美白的效果将大打折扣。手法得当的脸部按摩，能加速皮肤血液循环，唤醒疲惫的细胞，带来活力四射的白净脸庞。

在沐浴后进行排毒按摩效果更好，能增强淋巴代谢，加快毒素排出，促进后续护肤程序中对美白成分的吸收，塑造无瑕透明的白皙肌肤。每天按摩一次，将第40页手法重复5～10次，长期坚持自然会见到效果。皮肤的美白是一个缓慢、渐进的过程，为了让美白收到立竿见影的效果，有些劣质化妆品和护肤产品添加了汞、铅等重金属，不但不能真正有效美白，反而会危害肌肤和人体的健康。皮肤美白，自己动手更安全，针对皮肤变黑、暗沉等原因，找对美白的方法，持之以恒，相信成为"白雪公主"的梦想很快就会实现。

美白药膳滋补气血

气血顺畅、精气神足的人，往往容光焕发、脸色红润，白滑细嫩的肌肤才会呈现出透明健康的光泽。因此，养颜美白的食谱中，应多增加一些益气补肾、润肺疏肝的食材。

碧玉凝脂汤

玉竹养阴生津，枸杞益肾补气，两者为气血运行提供能量，加速身体的代谢。青菜中的维生素C、豆腐中的维生素E，都是皮肤美白必备品，能减少黑色素形成，养颜美肤。

材料

枸杞2小匙、玉竹片10克、青菜心300克、豆腐200克、盐适量、芝麻油适量。

做法

1. 将所有食材洗净，豆腐切成小方块状，菜心切成细条状。
2. 砂锅中加水800毫升，放入枸杞、玉竹片，煮沸后文火熬15分钟。
3. 倒入豆腐块后煮3分钟，放入菜心丝焖5分钟。加盐和芝麻油后即可食用。

 玉竹： 玉竹为百合科植物，其根茎切片晒干后可入药，中药材商店有售。

美白药膳滋补气血

双耳碧玉羹

笋子味甘性平，润燥美肤；银耳中的胶原蛋白可增强皮肤弹性；黑木耳、红枣滋阴补肾增气血；莴笋含多种维生素，清热润肤。双耳碧玉羹具有很好的美白润泽功效。

材料

泡发的银耳50克、黑木耳50克、莴笋50克、水发笋子100克、红枣5个、盐适量、芝麻油适量。

做法

1. 所有材料洗净，莴笋去皮切丝，笋子、黑木耳切丝，银耳撕小朵。
2. 砂锅中加入清水烧滚，放银耳、黑木耳、笋子、莴笋、红枣，小火煮半小时后，停火焖半小时。加盐、芝麻油调味。

栗子白菜煲

中医认为，脸色暗淡、发黑的原因是肾气不足、阴液亏损，栗子补肾，白菜滋阴，经常食用能够使皮肤白皙明亮。

材料

栗子200克、白菜半棵、盐适量、芝麻油适量。

做法

1. 将栗子去壳去皮，切成两半；白菜取鲜嫩茎部切成条。
2. 将栗子放入锅中加水煨至熟透，放入白菜条，沸腾后加入盐、芝麻油调味。

蔬果汁混搭更美白

绿色蔬菜汁

所有原材料均为绿色,营养丰富,纤维素含量高,有助于清肠排毒,含充足的维生素C,对美白非常有效。

材料

青椒1个、黄瓜半根、苦瓜1/4根、西芹茎2根、青苹果半个。

做法

将所有蔬果洗净,晾干表面水分,切成丁或片,放入果汁机中打成汁即可饮用。

清凉猕猴桃汁

猕猴桃是果中之王,富含可美白的维生素C和抗衰老的维生素A。苹果中的果胶和纤维素能够清扫肠道,排毒养颜。薄荷口味清凉,中医入药归肺、肝经,有疏肝润肺的功效。此果汁清凉酸甜,口感极佳,在畅享美味的同时,还能充分滋润、美白皮肤。

材料

猕猴桃3个、苹果1个、新鲜薄荷叶5片。

做法

将猕猴桃、苹果洗净并去皮去核后,与薄荷叶一起放入榨汁机,打碎取汁即可饮用。

厨房里的美白术

黄瓜　被喻为美容圣品的黄瓜，富含维生素、氨基酸、果酸，能有效美白肌肤，同时修复晒伤，淡化脸部色斑，舒缓肌肤。

薏仁　薏仁中的薏苡素能防止晒黑，薏苡仁酯可促进新陈代谢，抚平粗糙的表皮，改善暗沉无光的肤色。

枸杞　枸杞有药用价值，能补肝肾、益气血。常喝枸杞水能令人容光焕发，肤色亮白。

植物油　植物油特别是葵花籽油、芝麻油中含大量维生素E，能抑制黑色素产生，同时加速代谢，通过皮肤代谢和血液循环将黑色素排出体外。

厨房里的美白术

白萝卜

白萝卜"利五脏，令人白净肌肉"，维生素C含量不亚于水果，能从根源抑制黑色素合成，防止色素沉淀。但白萝卜有光敏性，食用之后不宜立刻晒太阳。

豌豆

《本草纲目》盛赞豌豆有"去黑黡、令面光泽"的奇效。豌豆维生素E含量丰富，更富含维生素A原，维生素A原是维生素A的前身，对滋养、美白皮肤功不可没。

冬瓜

冬瓜中的纤维素是肠道的清道夫，能防止毒素堆积。冬瓜肉中的镁有提供能量、加强代谢的作用，令人脸色饱满，皮肤白净、红润。

芦笋

芦笋中的硒元素，在抗衰老的同时能减缓皮肤氧化的速度，是皮肤白嫩的食疗法宝。

天然食材美白面膜

细盐杏仁面膜

杏仁粉含有大量的维生素E，美白、滋润效果非常好。盐有杀菌、消火、缩小毛孔的作用。此面膜温和舒缓，效果全面。

材料

杏仁粉20克、食盐5克、矿泉水适量、保湿喷雾1瓶。

做法

均匀混合杏仁粉和食盐，以矿泉水调成糊状，清洁脸部后敷脸15分钟。整个过程可以用保湿喷雾保持面膜湿润，每周2～3次。

木瓜鲜奶面膜

木瓜中的酵素能去除皮肤表面老旧的角质，有效白嫩肌肤、活氧淡斑。鲜奶中的乳脂肪、维生素与矿物质，美白效果绝佳，使用奶粉代替鲜奶，可以加强面膜的黏稠度。

材料

熟透的木瓜半个、无糖奶粉20克。

做法

将木瓜去籽去皮后切成小块，以食物料理机打碎成泥，放入奶粉拌匀成糊状。清洁脸部后敷脸半小时。

排毒美白按摩手法

❶ 将双手中指和无名指并拢，与眉毛平行，双手交替顺鼻梁往上推，经过眉心，向上推至发际线；再将两指竖放，分别沿发际线向两边滑动，推至太阳穴。

❷ 双手食指竖放，从眉头开始沿着眉毛轻轻滑动，至太阳穴，在太阳穴上稍加压力，停留3~5秒。

❸ 双手的中指指腹分别贴住鼻翼左右两侧，轻轻按压10次；然后由鼻翼开始，由内向外往两颊方向推动，直至耳部；再从后耳根向下，往颈部方向轻推。

❹ 将食指、中指并拢，分别从下巴中间向两边滑动，沿嘴巴画圈至人中部分。

防晒 轻松远离紫外线伤害

为什么要防晒？

防晒要防紫外线

所谓"防晒"，防的主要是阳光中的紫外线。

紫外线分为UV-A、UV-B、UV-C三个波段，能穿越臭氧层照射到皮肤表面的只有UV-A和UV-B。

UV-B是令皮肤晒伤，引发皮肤泛红、发黑的元凶。但它的穿透力不强，玻璃、遮阳伞、针织品等都可以将它隔离。

相比之下，UV-A波长更长，能折射进室内，又称"室内紫外线"。它能到达皮肤的真皮层，使胶原蛋白和弹力纤维受损，是造成皮肤晒黑、老化、长皱纹的主要原因，严重时会诱发皮肤癌。

紫外线对皮肤的影响

皮肤对紫外线有一定的抵抗力。正常情况下，皮肤中的酪氨酸酶在紫外线作用下被启动，经过复杂的反应生成黑色素，以防御紫外线的伤害。但皮肤本身的抵抗力毕竟有限，如果紫外线强度高、照射时间长，皮肤便会招架不住而受到损伤，包括：

*黑色素沉淀

过量的紫外线造成皮肤内大量酪氨酸酶活性增强，黑色素生成加快，超过了皮肤正常的代谢速度，令肤色在短时间内变黑。当角质层老化、更新速度减慢时，黑色素会沉淀在角质层，成为斑点，影响美观。

*自由基增多

自由基是人体氧化反应所产生的一种有害化合物，它的强氧化性，会对身体的细胞、组织产生损害。紫外线辐射令皮肤内的自由基增多，当自由基数量超过人体的消耗能力，活性特别强的自由基就会与人体内细胞的大分子结合，令正常的细胞加速老化。人们常说的"抗氧化"，就是抵抗自由基。

*红肿发炎

紫外线会使皮肤释放一种叫组织胺的物质，医学认为，组织胺与皮肤红肿有一定的相关性。当紫外线伤害较严重时，皮肤在红肿的同时还会疼痛，事实上，这是一种无菌性炎症反应。

*细胞缺水

紫外线还会让表皮层增厚，造成角质层氨基酸和水分的含量减少。经过暴晒后的皮肤往往干燥粗糙、暗淡无光，对营养成分的吸收能力也快速下降。

远离紫外线伤害

出门远离紫外线

要保护脸部不受紫外线的伤害,最简单的方法就是减少皮肤直接暴露在烈日下的时间。牢记以下注意事项,让细滑娇嫩的脸蛋离紫外线远一点。

◆ 一天之中,紫外线强度最大的时间是上午10点至下午3点,应尽量避免在此时段外出。
◆ 脸部最突出的部位是鼻子和颧骨,因此更容易晒伤,可以戴口罩加强保护。一般抛弃式口罩多以不织布为主要材料,轻巧透气,是炎夏防晒不错的选择。
◆ 出门必备"防晒三宝":墨镜、太阳伞、遮阳帽。
◆ 去海滨度假前,应当先替皮肤热热身,让肌肤提前一周接受每天半小时的阳光"洗礼",逐步提高皮肤对紫外线的抵抗力,激发肌肤自身的防护能力。

中医防晒更健康

中医五行的观点认为，日光属火，是"六淫"病邪之一。火伤肺金，肺主皮毛，在太阳下暴晒会损害健康，特别是皮肤的健康。治标更要治本，加强对紫外线隔离的同时，更要补虚固金，不断提高皮肤抗紫外线的能力。

黄芩防晒喷雾

黄芩、丁香、金银花、红花是中药材中的"防晒高手"，尤其是黄芩，含有吸收紫外线的黄芩苷，能清除自由基。当每毫升黄芩含量达到0.8克，防晒指数就高达35，可以和较高指数的防晒霜相媲美。

材料

黄芩粉50克、苦参粉25克、清水250毫升、无菌喷雾瓶1个。

做法

将黄芩粉、苦参粉放入250毫升清水中，以大火煮开，煲至水量100毫升左右时关火，待凉后过滤放入无菌喷雾瓶中。出门前15分钟喷在裸露的肌肤上。

四白散汤

古书记载，白茯苓、白芷、白术及白芨各50克，加6碗水后煲成2碗汤，即成"四白散"，有祛风、润肤、增白的功效。经常服用四白散，能抗紫外线、防电脑辐射，同时润泽皮肤，预防晒后皮肤干燥。

吃对东西，比防晒霜更管用

防晒霜中往往含有物理或化学防晒剂，防晒的同时会对娇嫩的脸部皮肤产生刺激，其中的油脂也会堵塞毛孔，成为痘痘、黑头的温床。其实只要吃对食物就能滋养皮肤、防止晒伤，且简单方便，完全没有副作用。

＊氨基酸仓库——西瓜

西瓜是含水量非常高的水果，能为皮肤提供大量的水分。西瓜汁液中还有很多能促进皮肤细胞生理活性的氨基酸，对脸部皮肤的滋润、防晒、美白都有很好的效果。此外，西瓜果肉里的茄红素含量也不低。

＊维生素C之王——柠檬

柠檬中的维生素C含量在水果中遥遥领先。维生素C是皮肤护理功能最完全、功效最强的维生素之一，能促进皮肤代谢、美白淡斑，同时增强皮肤的抗晒能力，防止晒斑产生。

Point 百合薏仁粥

薏仁与干百合按5∶1的比例混合，淘净后加清水泡1~2个小时，煮至薏仁开花。在中医学中，百合有固肺的功效，薏仁则滋润增白，每日早晚食用，对提高皮肤抗紫外线的能力大有裨益。

正常肌肤的基础护理

✱ 维生素E之源——坚果

坚果油分高，含有大量维生素E，可抗氧化和消除自由基，防御紫外线，阻止黑色素形成。每天吃一些杏仁、核桃仁、松子等坚果，对白领人士来说是既方便又有效的防晒方法。

✱ 茄红素卫士——番茄

番茄是大名鼎鼎的防晒食品，含有大量抗氧化物质——茄红素，只要每天16毫克的茄红素，大概是4颗番茄中茄红素的含量，就能将晒伤的危险系数下降40%。茄红素溶于油脂，番茄熟吃更有助于防晒。

紧急启动晒后修复机制

轻微晒伤——脸部发烫

在阳光下暴晒半个小时，就会感到脸开始发烫，说明皮肤已经感受到紫外线的刺激。皮肤抵抗和修复能力较强的人，停止日晒一两天后皮肤便可自行修复，敏感肌肤的人，却可能皮肤变黑、过敏，甚至轻微红肿。

轻微晒伤并不可怕，应当立刻找一个有遮蔽的地方，让皮肤降温。随身携带的保湿喷雾可以舒缓皮肤，通过补水冷却脸部，有效缓解对皮肤的伤害。待皮肤恢复正常后，通过去除角质的方法，除掉老旧的角质层，防止黑色素沉淀和皮肤吸收能力下降。

✳ DIY芦荟薄荷修复喷雾

将化妆品原料行出售的芦荟萃取液5毫升、甘油5毫升，连同薄荷纯露40毫升充分混合后装进无菌喷雾瓶。

薄荷有清凉感，可有效镇定发烫的皮肤；芦荟为晒后缺水的皮肤提供充足水分，舒缓安抚肌肤；甘油有保湿的作用，可吸收空气中的水分为皮肤降温。

✳ 薰衣草舒缓按摩

清洁脸部后，在脸部皮肤仍湿润时，将薰衣草复方按摩精油滴2～3滴于掌心中搓热，轻轻按压脸部温柔按摩。薰衣草精油温和舒缓，有清热解毒的疗效，可促进受损皮肤再生恢复，是晒伤修复的好帮手。

✳ 珍珠粉优酪乳温和去角质

待轻微晒伤恢复后的3～5天，挑选优质细腻的珍珠粉10克，和适量原味优酪乳充分混合，敷在晒伤的脸部约10分钟后洗掉。用珍珠粉在健康肌肤上按摩可以去除老旧的角质层,但晒伤的肌肤比较脆弱,只需敷后冲洗即可。

轻度晒伤——皮肤发黑、发红

天天处在阳光下,即使阳光不是很强烈,日积月累也会让皮肤变黑;忽视防晒,在猛烈的太阳下游泳或暴晒,一次就足以让皮肤变得又黑又红。前一种情况,皮肤中黑色素形成过程较缓慢,伤害不太大;后者则是皮肤在短时间内迅速做出反应,伤害比较大。

轻度晒伤后,补水保湿面膜可以镇定、舒缓受刺激的皮肤,并为因晒伤而缺水的皮肤补充水分。待到两三天之后,才可以使用有美白功效的天然面膜,淡化黑色素,促进皮肤更快修复。

* **冰鲜奶晒后镇定法**

将鲜奶放在冰箱中冰镇10分钟,等到脸部灼热感消退后,

Point 复方按摩精油

精油与精油之间是相互协调的,彼此有相辅相成、增强疗效的作用。复方精油就是为了达到特定疗效,由两种以上的精油混合而成。精油用于按摩时,必须以基底油如芦荟油、酪梨油、冷压橄榄油等,将精油稀释到3%的浓度方可施用于人体肌肤上。薰衣草复方按摩精油是将薰衣草精油与基底油混合,以降低薰衣草精油的浓度。

以化妆棉浸冰鲜奶敷脸20分钟。冰鲜奶的蒸发过程也是一个吸热的过程，它能带走皮肤表面的热量，快速为皮肤降温。鲜奶能够消炎、消肿，富含维生素E，同时美白、滋润皮肤。

*西瓜皮补水面膜

将西瓜皮切去绿色表皮，只留白色果肉，切成薄片，敷在脸部晒伤处，5～10分钟更换一次，每天敷半小时，持续一周。西瓜皮清热解毒，含水量非常高，可为晒后肌肤提供大量的水分和营养。

*小黄瓜蛋白面膜

将两根鲜嫩的小黄瓜去皮后放入搅拌机打成糊状，放入一个蛋白混合均匀。将面膜涂抹在脸部，等到水分变干、脸部微微有紧绷感时，以水洗去。蛋白中的蛋白质是修复皮肤必需的物质；黄瓜汁营养丰富，更有大量促进美白的维生素C和维生素E，有助于晒伤后更快恢复白净细嫩的容颜。

中级晒伤——皮肤有痛感

晒后皮肤明显感到发烫紧绷，有严重缺水的感觉。以手轻轻触碰皮肤时，已经有刺痛感，几天后还可能发生干裂。这说明晒伤已经达到中级，皮脂腺分泌受到影响。如果不加注意，皮肤可能会在后期变得敏感，甚至转变成终生相伴的敏感皮肤。

应付中级晒伤，最首要的还是立刻离开日晒环境，在阴凉处待半个小时之后，以微凉的水轻轻冲洗脸部，或将冰镇的饮料瓶外壁靠近脸部，但不要贴到脸上，以冷却肌肤，减轻或消除脸部发烫。

*** 绿茶水治晒伤**

泡好的绿茶水自然冷却后，以消毒纱布或棉球蘸取，拍在脸部疼痛处。绿茶含有鞣酸，有收敛的功效，能缓解红肿、胀痛、灼热感，减少细胞液渗出，避免皮肤失水。茶多酚可以安抚、镇定晒伤的肌肤，减少紫外线的伤害。

*** 芦荟汁晒后修复**

芦荟的果肉中含有丰富的维生素E，有很好的滋润作用，能够为皮肤提供大量的水分，促进肌肤的晒后修复。特别是中级晒伤后的3～5天，皮肤很可能会有脱皮的现象，将新鲜的芦荟去皮取果肉榨取原汁，涂抹在晒伤的皮肤上15～20分钟，可减轻灼痛感，为皮肤补水，防止脱皮。

重度晒伤——红肿、长水泡、脱皮

重度晒伤会引发脸部红肿，甚至长出水泡，等红肿、水泡消退后，还会出现脱皮现象。最严重的晒伤，暴晒之后皮肤立刻冒出水泡，发生脱皮。重度晒伤已经达到烫伤的程度，皮肤处在严重发炎状态。

皮肤重度晒伤后已经非常脆弱，需要像对待特别敏感的皮肤一样用心。使用无任何刺激的天然矿泉水，将消毒纱布充分浸湿后，敷在受伤的皮肤上20～30分钟。在敷的过程中，不断往纱布上喷洒矿泉水，以保持湿润。这种方法可以温和地降低皮肤温度，充分补水，减轻炎症。

至于修复皮脂膜则需要很长的时间和医生的帮助，紧急处理后，应当尽快就医。同时，饮食上也要注意，少吃甜食和肉类等酸性物质，它们会影响B族维生素的代谢，加深皮肤的脆弱敏感程度。蔬果含水量高，又是弱碱性，大量食用对修复皮肤有好处。

晒伤后千万不能做的事

＊立即冰敷降温

严重晒伤的皮肤受不了任何轻微的刺激。冰敷就像在滚烫的锅底浇上一瓢冰水，给敏感的皮肤带来强烈的刺激，不仅急救无效还会加深肌肤的损伤。轻度晒伤的皮肤要等到温度下降、灼热感消退后方可冰敷，中度、重度晒伤的皮肤要避免冰敷，以低于常温、略有凉爽感的水敷脸，才可在温和的情况下达到镇定肌肤的效果。

＊使用热水洗脸

高温会为晒伤的皮肤雪上加霜，以热水洗面将加重晒伤的症状，只有微凉的水才能冷却肌肤，消热褪红。

＊使用刺激性的护理品

晒伤的脸部粗糙、黝黑，免不了有急性子的人想用化妆品快速遮盖。事实上晒伤后，角质层和皮脂腺正常的保护功能被破坏，皮肤变得十分敏感。化妆品、护肤品会给皮肤带来负担，减慢康复的速度，刺激性的物质，如果酸、酒精，包括肥皂中的碱性物质，还会对肌肤造成进一步伤害。晒后修复是一个长期的过程，需要先修复皮肤，再进行美白等护理。

*立刻去角质

晒伤的皮肤容易角质化，很多人会急不可耐地想开始去角质。但晒伤的皮肤去除角质后，会使受伤的表皮暴露，内里细嫩的肌肤直接与外面的空气、紫外线接触，更容易受到伤害，还会形成红血丝。应等皮肤恢复正常一周之后再去角质，既不会伤害皮肤，又可以防止黑色素在表面沉积，避免色斑等晒后问题。

防晒是护肤的关键环节，无论是日常护理还是美白保养，都应对防晒加以重视。它并非像想象中那么复杂，只要在隔离紫外线和晒后修复方面多下功夫，相信每个人都能轻松远离紫外线伤害，拥有白皙细嫩的健康肌肤。

去角质 解救角质堆积的肌肤

深度了解角质层

皮肤生理结构非常复杂，它由表皮、真皮、皮下组织构成。最外层的表皮由内到外又可分为：基底层、棘层、颗粒层、透明层和角质层。

角质层是皮肤必不可少的安全层

表皮细胞的生长从基底层开始，到角质层结束，从内向外逐渐推移，完成从生长到死亡的生命旅程。角质层细胞包裹在

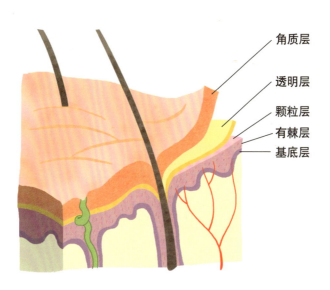

皮肤的最外层，富含保湿作用的角蛋白，可以防止皮肤干燥、阻挡外界侵害。所以，角质层虽然是由20层左右已经死亡的细胞（俗称死皮）构成的，但它仍然是皮肤必不可少的部分，对皮肤有不可小觑的保护作用。

为什么要去角质、除死皮

角质层的形成周期是28天左右，也就是说，正常情况下，细胞从基底层新生不断推移至皮肤表面衰老死亡的时间是28天。当新角质细胞到达表皮外层时，老旧的角质层必须及时脱落，才能保证死皮不在脸上堆积。若这些死皮没有定期、及时清理，就会对皮肤产生很多不良影响：

1. 老旧的角质堆积在皮肤表面，会使肌肤粗糙、干燥、缺乏光泽，更无法拥有柔滑细嫩的触感。
2. 角质层细胞含有胡萝卜素，当角质层厚到一定程度时，皮肤表面就会呈黄色。因此，死皮堆积可能会引发皮肤暗沉、肤色不均，影响美观。
3. 堆积的角质容易堵塞毛孔，使皮肤的吸收能力下降，影响肌肤对营养成分的吸收。
4. 角质堆积严重可能导致毛孔角质化，引发粉刺、痘痘等一系列皮肤问题。
5. 粗厚的角质层会加重皮肤的负担，更容易出现鱼尾纹、法令纹等表情纹问题。

四大原则安全去角质

由于角质层对皮肤有保护作用,过度去角质其实就是在新角质层未生成前,便破坏了旧有的角质层。当皮肤失去保护屏障,耐受力和抵抗力便会下降,极易受到外界伤害,甚至变得敏感。所以,去角质、死皮应当以"安全"为前提,牢记四大原则:

掌握适当的周期

去角质的周期,与肤质、皮肤年龄以及气候、季节都有一定的关系。

油性皮肤天生角质层比较肥厚,同时因皮脂腺分泌的油脂多,更容易吸附死皮,所以油性皮肤去角质的周期较短,一般需3～4天进行一次。混合型肤质和中性肤质每周去一次角质即可。干性皮肤缺水,更需要依赖角质层的保湿作用,去角质不宜过于频繁,每两周一次比较合适。而敏感皮肤和有红血丝症状的人角质层较薄,所以应根据个人皮肤的耐受力来决定,以一个月不超过一次为宜。

肤质是确定去角质周期的最主要因素,但有些人天生角质层较厚,这时可以根据个人的情况,在正常周期的基础上适当增加去角质的次数。

此外,秋冬季节寒冷干燥,表皮细胞易缺水、死亡速度加快,角质层的形成周期变短,更容易形成死皮,应当略微缩短去角质周期。而年龄大的人由于皮肤新陈代谢较慢,角质不易自然脱落，可以适当增加去角质的次数。

特殊时期不宜去角质

角质层是皮肤的天然保护屏障，当皮肤受到伤害、急需保护时，应当暂停去角质的工作，让角质层有充分的时间自我修复，增加皮肤的抵抗力。

因此，当脸部皮肤处于晒伤、红肿、皲裂、破损等状态时，切勿进行去角质工作。进行去角质护理时需避开眼、唇四周等脆弱、敏感的部位，对痘痘、粉刺，尤其是处于成熟期的痘痘、粉刺也应避开。

护理的方法要正确

从护理步骤来说，去角质最好在刚清洁完脸部，脸部湿润、柔软的状态下进行。洗脸过程中，角质被水分浸透、初步软化，较容易去除。去除角质后，需要用清水把脸部冲洗干净。从护理手法来说，双手动作一定要轻柔，使用指尖和指腹，以画圈的方式，按照从下向上、从里到外的方式慢慢推滑，每个区域按摩5~10次。额头、下巴、鼻子组成的T区是油脂和角质较多的部位，需要加强去角质，可适当增加按摩时间。

加强去角质后的护理工作

由于角质细胞含有天然的保湿因子"角蛋白"，刚清理完角质，皮肤往往会有轻微的干燥感。所以，去角质后加强补水保湿很有必要，补水能够迅速让新的角质充分吸收水分，有效缓解肌肤的紧绷、干燥。尤其是干性皮肤和敏感皮肤，加强补水还能减轻去角质对皮肤的伤害，预防去角质造成的皮肤脆弱、过敏。

由于刚去除角质的皮肤非常娇嫩、光滑，容易受到紫外线的伤害，所以在加强补水的同时，也要做好防晒工作。

天然材料去角质

去角质的方法很多，但大致可以归为两类：物理方法和化学方法。

物理方法主要是通过颗粒物与脸部皮肤摩擦、黏附去除死皮。市面上常见的磨砂膏，就是通过磨砂颗粒磨除老旧的角质。这种方法速度快、效果明显，不易过敏。但是使用物理方法去角质千万要有分寸，磨砂颗粒过于粗糙、使用次数过于频繁，都容易伤害皮肤。尤其应当注意的是，脸部角质层较薄或皮肤有破损的人，不适合以物理方法去除角质。

果酸、水杨酸、木瓜酵素等物质，有轻微侵蚀性，能够软化、溶解老旧角质，利用这些化学成分去角质属于化学方法。化学方式对皮肤的伤害比较小，但是却不适合耐酸度低、耐受力差的肌肤，使用前一定要进行过敏性测试。

至于使用天然材料去除角质，则是综合了两种方法的共同特点，既含细小的颗粒，又利用天然果酸、木瓜酵素等成分，双管齐下，更安全，效果也更全面、明显。

天然材料去角质

凡士林磨砂盐

食盐酸碱值稳定，有杀菌、消炎的作用，是天然的美容材料。细食盐是颗粒状的晶体，用它来去角质，其原理和去角质磨砂膏相同。而凡士林有润滑作用，可减少物理方法去角质对皮肤造成的伤害，同时充分滋润皮肤。这种方法非常适合干性和混合性皮肤使用。

材料

凡士林适量、细食盐半匙。

做法

取硬币大小的凡士林放在掌心，撒上半匙细食盐，以指尖打圈调匀。洗脸后，在脸部涂上一层薄薄的凡士林细盐膏，以双手指腹在脸部轻轻地打圈，尤其是T字部位要加强按摩。5分钟后，以温水清洁脸部。

绿豆蜂蜜去角质泥

绿豆粉质地细腻，能够温和地磨去脸上附着的死皮，绿豆中的皂素还有去油、洁面的作用。这种方法比较温和，适合所有肤质的人使用，油性皮肤和混合性皮肤还可以用这种方法进行深层清洁。

材料

绿豆粉20克、蜂蜜3匙。

做法

将绿豆粉与蜂蜜拌匀成黏稠的泥状，清洁脸部后敷在脸上。10分钟后，以手轻轻揉搓脸上的绿豆泥，待其脱落后，以温水洁面。

正常肌肤的基础护理

天然材料去角质

去角质白醋汁

米醋中含有醋酸，能够有效软化附着在脸上的废旧角质。柔软的海绵粉扑在擦拭脸部时，能够温和地揉搓死皮，帮助其脱落。这种方法去角质的效果最好，但是醋酸存在一定的刺激性，所以这种方法更适合耐酸性较高的油性皮肤使用。

材料

纯粮酿造白醋1大匙、纯净水适量、海绵粉扑1个。

做法

先将1匙纯粮酿造白醋倒入约500毫升水中稀释成白醋汁。取柔软、吸水性好的海绵粉扑，在白醋汁中充分蘸湿。清洁脸部后，以吸了白醋汁的粉扑在脸上轻轻擦拭10次左右，再以温水洗净脸部。

去角质番茄酱汁

番茄中的果酸不仅是溶解角质的有效成分，还可以加快皮肤细胞的再生速度，改善油脂分泌和毛孔堵塞。使用番茄酱汁去角质是油性和混合性皮肤的好选择。

材料

小番茄4~5个、化妆棉数片。

做法

将小番茄以开水烫去外皮后切成块，在碗中将番茄块捣碎成酱汁。清洁脸部后，以化妆棉蘸取番茄酱汁打圈揉搓脸部，每个区域擦5~10次。最后将浸透番茄汁的化妆棉敷在T字部位，10分钟后，以温水清洁脸部。

天然材料去角质

细白嫩滑的皮肤，如同剥了壳的白煮蛋，堪称完美皮肤的最高境界。扫除堆积的角质就是扫除通向完美肌肤之路的最大障碍。然而，去除角质时，安全原则始终要放在第一位，要掌握适当的周期，使用正确的手法，进行充分的后续保养。只有这样，才能温和、有效地去除老旧角质，令肤质更加白净，毛孔更加通畅，距离无瑕透明的完美容颜，又迈进了一大步。

杏仁保湿磨砂乳

优酪乳中含有天然乳酸，拍打帮助脸部吸收后，可以充分软化角质层。杏仁粉中细腻的颗粒与皮肤摩擦，能有效剥落软化的死皮。同时，优酪乳和杏仁粉的营养都十分丰富，维生素E含量很高，能够滋养、美白皮肤。这种去角质的方法适合所有肤质使用，敏感皮肤可以省去打圈按摩的步骤，以减少刺激。

杏仁粉10克、无糖原味优酪乳20克。

将杏仁粉加入优酪乳中，搅拌成糊状涂于脸部，静敷5分钟后，以指腹轻轻拍打5分钟，再以打圈的手法按摩脸部5分钟，最后以温水清洗脸部。

抗衰老 再现光彩容颜

衰老——不可抗拒的皮肤问题

皮肤衰老的主要表现

每个人都希望自己永远年轻，青春永驻，然而岁月的流逝却不会因人的意愿而慢半拍。饱满、细嫩、富有弹性的肌肤令人羡慕不已，但皮肤和其他器官一样免不了衰退和老化。皮肤老化的主要表现有：

1. 角质层的保湿能力下降，干燥缺水的状况越来越明显，换季脱皮的现象越发频繁。
2. 皮肤内细胞的新陈代谢速度逐渐变慢，表皮层变薄，皮肤的自愈能力大不如前。
3. 角质、死皮无法自行脱落，导致皮肤的吸收能力变差，看起来粗糙、暗淡。
4. 真皮层内胶原蛋白的合成速度减慢，弹性纤维的数量变少，表皮因缺乏支撑力开始松弛。
5. 地心引力无时无刻不在影响人体，当皮肤出现松弛时，地心作用会加速皮肤下垂，促使皱纹渐渐浮现。

影响皮肤衰老的原因

影响皮肤衰老的原因,可分为内源性原因和外源性原因两种。

内源性衰老是指皮肤正常的生理性衰老。随着人体的老化与衰竭,皮肤和其他器官一样,会自然老化,这种衰老是不可抗拒的。25岁是皮肤的分水岭,25岁后,真皮层内的胶原蛋白、弹性纤维不断减少,皮肤开始出现萎缩。随着角质层锁水能力降低,皮肤会出现松弛、皱纹等现象。

而外源性衰老主要是指外在环境刺激和不良生活习惯引发的皮肤老化。例如,风吹日晒会加速皮肤的干燥粗糙,熬夜会促使真皮层中的弹性纤维断裂,吸烟消耗大量氧气会加快皱纹和色斑的产生。所谓的抗衰老,就是尽量避免外源性的伤害,以达到美容驻颜的效果。

抵御衰老,从小事做起

＊加强防晒

紫外线中的UV-A会伤害真皮层中的胶原纤维,导致皮肤松弛、皱纹早生、色素沉积。抵抗衰老的第一步,要将防晒作为抗衰老护理的日常、基础性工作。

＊及时抗氧化

体内过多的自由基不断发生氧化反应,会加速人类衰老,使皮肤老化、暗淡无光、皱纹早现。石榴、葡萄、绿茶、蓝莓、大豆都是天然的抗氧化食品,多食能够减少体内的自由基，延迟皮肤的衰老。

＊补充胶原蛋白

胶原蛋白决定皮肤的张力强度，多食用银耳、黄秋葵、花生、海带等，及时补充因衰老而流失的胶原蛋白，能够提高皮肤弹性，预防皱纹。

＊保持愉悦、轻松的心情

精神紧张、压力过大会使皮肤表层变薄，加快肌肤松弛，因压力造成的失眠更会增加皮肤中的自由基数量，使皮肤的衰老加快。

＊防止体重骤降

体重骤降会引起皮下组织脂肪大量流失，皮肤的表皮层缺乏支撑力，皮肤更容易松弛下垂，严重时将引发皱纹等问题。

＊减轻地心引力对皮肤的影响

持续每天做半个小时的运动，睡觉时不要枕太高的枕头，都是防止皮肤松弛、下垂的可行之策。

＊良好的生活习惯

不吸烟，不嗜酒，避免辛辣、刺激、甜腻的饮食，按时作息，尽量不熬夜。

远离松弛，紧致肌肤

脸部皮肤松弛的表现

松弛是脸部皮肤走向衰老的主要表现，按其程度不同，可以划分为三种表现。

1. **轻度表现**：当毛孔粗大的区域从年轻时的T字部位扩散到两颊，说明皮肤已经出现轻度衰老。
2. **中度表现**：在体重没有骤变的情况下，原来紧致流畅的脸部曲线也开始松垮，特别是耳根至下巴的部位，松垮尤其严重。
3. **重度表现**：两颊特别是颧骨上的肌肤出现下垂，法令纹越来越清楚，甚至长出双下巴。皮肤严重衰老时，整张脸都出现松弛的现象，从侧面看起来，脸部的松弛和下垂尤为明显。

饮食驻颜法

奶香花生汤

花生仁和银耳中有大量的胶原蛋白,能及时为皮肤补充流失的胶原蛋白。鲜奶含多种维生素,能有效滋养、美白皮肤。奶香花生汤味美可口、益气养血,持续食用,对提高皮肤弹性、抚平皱纹大有好处。

材料

去皮花生50克、银耳20克、鲜奶500克、冰糖适量。

做法

1. 银耳在清水中泡发后,撕成小朵。花生以水冲洗备用。
2. 把鲜奶倒入锅中,投入所有材料。大火煮开后,改小火煮半小时,至花生烂熟。

灵芝驻颜汤

据《本草纲目》记载,灵芝"令人好颜色"。灵芝中的灵芝酸能减少人体内的自由基,对补充水分、减轻皱纹也有很好的效果。鹌鹑蛋含有丰富的蛋白质、铁和维生素B,能够滋补身体,为人体代谢提供更高的能量。红枣则是补中益气、养血安神的上品。常饮灵芝驻颜汤能够促进细胞再生,恢复表皮弹性,淡化皱纹,使皮肤保持饱满、细腻。

材料

去壳熟鹌鹑蛋10个、红枣10个、灵芝50克、清水1升、糖或盐适量。

做法

将所有材料和1升清水倒入锅中,大火煮开后,以文火煲约半小时,根据个人口味加入糖或盐即可。

挥别皱纹,重焕青春

皱纹是岁月在皮肤上留下的印痕,也是令每个爱美之人最头疼的问题。皱纹一般紧随皮肤松弛出现,而胶原蛋白的流失是皱纹出现的真正元凶。

皱纹形成的原因

胶原蛋白在人体中有维持皮肤和肌肉弹性的作用。随着皮肤的衰老,胶原蛋白不断流失,其支撑作用也逐渐减弱。当胶原蛋白的支撑力降低到一定程度时,表皮层就会塌陷,这种塌陷是不均匀的,反映到皮肤表面就会出现凹凸不平的条纹,也就是皱纹。

减淡、抚平皱纹,让皮肤更饱满、更富有弹性,应当从"及时补充胶原蛋白"和"提高皮肤代谢速度"这两方面入手。

抗皱面膜精选

糯米蛋白面膜

糯米粉的细小微粒能深入清洁毛孔，及时清除角质层，增强皮肤对营养物质的吸收能力。糯米中的B族维生素能调节新陈代谢，有效延缓皮肤老化。蛋白则营养丰富，能够紧致皮肤，淡化、抚平皱纹。糯米蛋白面膜每周可使用一次，有助于油性皮肤抵抗衰老，还能同时深层清洁肌肤。

材料
新鲜鸡蛋1颗（只取蛋白）、糯米粉适量。

做法
在蛋白中加入适量糯米粉，搅拌成略稀的糊状。洗脸后均匀抹于脸部，感到皮肤紧绷时，以温水洗净即可。

咖啡粉紧肤面膜

蛋黄中富含维生素E，是抗老化的天然保养品。蜂蜜能滋养、紧致皮肤，有抗皱、预防松弛的功效。而咖啡粉能够促进皮肤排除水分和脂肪，有除水肿、防松弛的效果。咖啡粉面膜适用于多种肤质，尤其是干性皮肤。持续每周做一次，能够防止皮肤松弛下垂，对老化造成的皱纹也有很好的淡化效果。

材料
研磨咖啡粉10克、蜂蜜10克、新鲜蛋黄1颗、面粉10克。

做法
将所有材料放入碗中，搅匀成糊状。清洁脸部后，避开眼部和唇部，以糊状物敷脸约15分钟后洗净。

最佳护肤拍档,助你更年轻

对25岁以前的年轻肌肤来说,补水护理主要是为了保持水油平衡。但随着衰老的到来,皮肤的吸收能力和保湿能力都在下降,水分难进易出,成为皮肤新陈代谢和细胞更新速度变慢的最主要原因。因此,在迎战衰老时,一定要毫不手软地深度补水。

茉莉纯露+玻尿酸=深度补水

茉莉纯露非常稳定,但玻尿酸需要避光保存,所以该补水液在避光的情况下可以保存半年左右。从植物中提炼的纯露分子非常小,其渗透效果很好,即使是老化的皮肤也能顺利吸收。纯露中的补水上品茉莉纯露,辅以具有优越保湿能力的玻尿酸,能瞬间缓解肌肤的干燥。持续使用这款深度补水液,不仅能改善细小纹路,还可以增加皮肤亮泽,令肌肤重焕青春光彩。

黄豆粉+精油=温和去角质

伴随着皮肤的衰老,角质代谢的周期也慢慢加长,脸皮似乎越来越"厚"。角质堆积会造成皮肤粗糙、肤色发黄,更严重的是使皮肤吸收能力下降,护肤的效果大打折扣。所以,适当增加去角质的频率很有必要。但皮肤老化后张力和弹性都会变差,沿用年轻肌肤的去角质手法,很容易加重脸部的细纹和松弛。皮肤出现老化的征兆或进入老化的年龄时,应当改用更加温和的去角质方法。

Point 茉莉补水液

茉莉补水液可作爽肤水使用,每次洁面后,以化妆棉蘸取擦于脸部,以双手指腹轻轻拍打,帮助吸收。也可以用压缩面膜纸浸透补水液,入睡前为皮肤做一个20分钟的深层补水面膜;或将补水液装进喷雾瓶中,在户外风吹日晒或是在冷气房里待久了,只要喷一喷,就能为皮肤进行一次补水急救。

材料

茉莉纯露200毫升、玻尿酸原液5毫升。

做法

将玻尿酸原液倒入茉莉纯露中,盖上瓶盖,摇晃使两者混合均匀即可。

温和去角质的方法

黄豆粉去角质油

黄豆粉颗粒细腻,能降低去角质对皮肤的伤害,适合所有肤质。甜杏仁油是温和的基底油,既有润滑的作用,又能软化角质,甚至连娇嫩的婴儿都可以使用。此外,甜杏仁油中富含多种营养成分,能滋养皮肤,令肌肤更有弹性,可谓一举多得。薰衣草精油能在去除角质后,净化、收敛毛孔,舒缓去除角质后的紧绷、不适。敏感肤质者可以不加薰衣草精油,或提前做过敏性测试。使用时应当避免精油入眼,同时控制好薰衣草精油的量,过浓时可能会对敏感皮肤产生刺激。

材料
甜杏仁油15毫升、薰衣草精油1滴、精磨黄豆粉10克。

做法
1. 将薰衣草精油滴入甜杏仁油,然后加入适量黄豆粉,搅拌成略稀的糊状。
2. 清洁脸部后涂抹糊状物,要注意避开眼唇部位。
3. 以中指指腹,按从下至上、从内往外的顺序画圈按摩全脸5分钟后,以温水洗净脸部。

正常肌肤的基础护理

老姜+蜂蜜=抗氧化

身体内自由基增加，会加速黑色素的生成和沉积。年轻的机体可以产生大量的抗氧化酶，及时清除、减少体内的自由基；而年龄增大、身体衰老后，体内清除自由基的能力也逐渐下降。同时，随着皮肤老化，血液循环也渐渐变缓，血液很容易淤积在血管壁上，导致色斑的产生。适当增加抗氧化剂的摄入量，活血舒络以促进血液循环，是抗衰老必做的功课。

"青春永驻""容颜不老"是每个爱美之人的愿望。然而，自然老化和外界环境的双重影响，使脸部线条松弛下垂、

point 老姜蜂蜜茶

生姜中的姜辣素能够降低自由基的活性，老姜泡茶更能驱寒暖身、活血通络，加快体内的血液循环。而蜂蜜中含有大量的抗氧化剂，可减轻自由基对身体的伤害。每天喝一杯老姜蜂蜜茶，能有效淡化色斑、抵抗氧化、延缓衰老。

材料

老姜50克、天然蜂蜜10克。

做法

将老姜洗净后切丝，放在300毫升沸水中焖至热水变温，加入蜂蜜调匀饮用。

皱纹涌现成为无法避免的事。通过增强细胞代谢、补充胶原蛋白等方式能够有效紧致皮肤、淡化皱纹,可以起到延缓衰老、养颜驻容的作用,令衰老的容颜重焕青春。

问题肌肤的特别护理

受外界或是自身体质的影响,
每个人多多少少都会有一些肌肤问题。
痘痘、毛孔粗大、黑头、粉刺、红血丝……
都是问题肌肤的预警。
想把这些烦恼一扫而空？方法对了，便不是难题

祛痘 别再叫我"豆花妹"

到底痘痘是什么

痘痘，是女人美丽的大敌。别人的脸蛋像剥了壳的荔枝，"豆花妹"的脸蛋却像坑坑洼洼的荔枝壳！

许多人可能每天都和痘痘斗智斗勇，但没几个人真正知道，到底什么是痘痘？

令美女们闻风丧胆的痘痘，俗称"青春痘"，是一种痤疮。痤疮以白头粉刺、黑头粉刺、炎性丘疹、脓包、结节、囊肿等为主要表现。丘疹、脓包就是我们最常说的痘痘。

从医学角度来说，痘痘是毛囊及皮脂腺阻塞后引起的慢性炎症性皮肤病，因它最常出现于脸部，也是美容皮肤科的常见病例。

痘痘被称为"青春痘"，是因为青春期是痘痘的高发期，过了青春期后，很多人的痘痘会自然消退——但是，痘痘并不完全与年龄有关，很多女士过了青春期还没有摆脱"豆花妹"的称号，这才是最让人头疼的事情！

为什么会长痘

毛孔堵塞引发痘痘

对健康的肌肤来说,毛孔如同一个呼吸器,处于打开的状态。皮脂腺不断分泌皮脂,通过毛孔向外排出。如果有一天,我们的毛孔出口堵塞,就像交通大塞车般,正常的代谢无法进行,分泌的皮脂渐渐累积在毛孔中,就会滋生细菌,引起炎症,引发痘痘。

寻找毛孔堵塞的原因

毛孔堵塞的原因是多种多样的。

从内在原因来说,体内激素分泌失调是最主要的因素。青春期时,雄性激素旺盛,刺激皮脂腺分泌,引起毛囊角化、毛孔堵塞,造成痘痘大量滋生。有些女生在生理期冒痘痘也与激素分泌改变有关。过多的雌性激素不断溢出,身体不能及时消

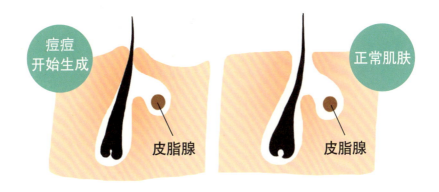

耗时，就只能选择从皮肤释放出来，因此形成了痘痘。

身体功能紊乱，特别是胃肠、肾脏、肝脏等出现问题时，体内毒素无法正常排出，也会引发痘痘。压力过大、精神紧张、睡眠不足、膳食结构不均衡，也可能打破身体代谢的平衡状态，让痘痘有机可乘。

从外因来说，不善待皮肤也会引祸上身！清洁工作没做好，皮脂未及时清理，将致使毛孔堵塞、痘痘狂冒。敏感皮肤的人更要处处提防，饮食、防晒……生活习惯上一个不注意，痘痘就乘虚而入了。

尽管诱发痘痘的原因非常复杂，但是只要耐心分析，对症下药，痘痘不是铜墙铁壁，总会有败下阵来的一天。

坏习惯是痘痘的温床

＊抓脸挠腮

手上的细菌太多，抓脸挠腮会把手上的细菌带到脸上，引发炎症。

＊过度洗脸

拼命洗脸不能让脸更干净，反而会刺激皮肤分泌油脂，早晚各一次脸部清洁已经足够。

＊流汗不擦脸

弱碱性的汗水，会为细菌提供温床。

＊不爱喝水

身体缺水，皮肤便不能达到水油平衡，自然要把多出来的油脂分泌出来。

＊"肉食动物"

蔬果中的纤维素是肠道的"清道夫"，能够促进消化，防止毒素累积。只吃肉容易便秘，也会造成维生素缺乏，这两者都可能引发痘痘。

看痘痘，知健康

脸上看似不断冒痘痘，却一直钟爱那一两处，这是为什么呢？

痘痘也是健康状况的红灯，视萌发的位置不同，需要调理的方法也不同。从痘痘的位置入手，抓住问题所在，以内养外，痘痘问题就能迎刃而解。

额头：肝脏拉警报

工作压力大、常常加班熬夜的白领，又或生活不规律、昼夜颠倒的夜猫子，额头大粒的痘痘总是如同雨后春笋。夜里10点到12点是肝脏正常工作的时间，按时休息让身体进入休眠状态，肝脏才能顺利工作清除毒素。

太阳穴：胆囊负担太重

不喜欢或没时间做饭的女性朋友，太阳穴周围往往会不断冒痘痘，这是速食食品的杰作，油脂太多，胆囊负担加重，胆汁告急。快丢掉那些速食，每天来一杯苦瓜汁，多吃点黄瓜、冬瓜，给体内油脂来一次"大扫除"吧。

印堂：心脏活力减弱

千万不能掉以轻心，当心脏活力减弱时，眉间才会有痘痘冒出。如果最近有心悸、胸口闷的症状出现，最好去医院检查一下，同时应该注意避免剧烈运动、烟酒和刺激，增加睡眠和休息的时间。

鼻翼：关爱你的胃肠

鼻翼时有痘痘萌发，是胃火过大、消化不良的预警。这种状况往往伴随着便秘和胃胀气。从今天起,请戒掉刺激性食品,少吃肉,向辛辣的火锅、生冷的冰淇淋说"不",多喝水,多吃新鲜蔬果。

唇周:肠道有毒素

便秘是女孩常常出现的状况,特别是辛辣、油炸食物更会造成肠热,使便秘状况频发。唇周长痘就是肠道在报警,调整饮食习惯,多吃高纤维的蔬菜水果,不要懒惰,入睡前按顺时针方向按摩腹部5分钟,就能轻松解决便秘问题。

脸颊:左血液,右肺火

脸颊长痘似乎是最常见的,但左右脸颊有分别。

Point 冰糖雪梨炖百合

材料

雪梨1个、鲜百合15～20克、冰糖适量。

做法

雪梨洗净后切小块,与洗净的百合、冰糖一起加水炖1小时,即可食用。

左脸颊长痘有可能是肝功能不顺畅或是血液循环出现问题，导致血液排毒能力下降。爱发脾气的大小姐们，急躁会造成肝火和血液循环亮红灯，所以要放松心情。凉血的食物，如丝瓜、冬瓜、柿饼、绿豆，对清火排毒也大有裨益。

右脸颊冒痘则是肺部炎症的反映，往往伴随着喉咙干燥、痰多咳嗽。可以通过食物滋补润肺，晚饭后来一碗"冰糖雪梨炖百合"不错。

下巴：内分泌需调理

下巴长痘往往意味着体内激素失调，特别是过了青春期，"青春痘"却不依不饶或生理期长痘痘的女性。多花点功夫调理自己的身体，拒绝生冷食物，做好防寒保暖工作，都有利于维持体内正常的血液循环与雌激素水平。

循序渐进巧灭痘

平时的预防工作做得好，也许痘痘就不会跑到脸上来"出风头"，但是，如果依然不能避免痘痘的爆发，那么，请准备好和痘痘打一场持久战吧！

痘痘有一定的生长周期，就像真正的豆子一样，我们可以把痘痘的生长周期分为萌发期、成长期和成熟期。

萌发期

清洗或护理脸部时,手指能感觉到皮肤有颗粒状的突起,看起来微微红肿,还硬硬的——在痘痘的萌发期,务必做好消炎除红肿的工作。

彻底清洁脸部后,以棉签蘸上具有良好消炎效果的茶树精油,轻轻点在痘痘上——如果手边没有茶树精油,含有消炎成分的红霉素软膏可以拿来救急。身在户外、不方便时,不妨拿出包里常备的抗疲劳眼药水,以干净的纸巾或化妆棉浸透后敷在痘痘上,也能快速缓解红肿。

成长期

若痘痘已经跨越了第一阶段,冒出了微微的脓头,那就只好听之任之了。千万不要以手去挤成长期的痘痘,如果不小心碰破,痘痘里的脓会流出一部分,但红肿还会持续,最好立刻涂上消炎的药品。以后的护肤过程,也要尽量避开挤破的痘痘。

Point 红霉素软膏

红霉素软膏为白色、淡黄色或黄色软膏,抗生素类药,临床常用于脓包等化脓性皮肤病及小面积烧伤、溃疡的治疗。

DIY 祛痘面膜

香蕉排毒面膜

取1匙植物奶酪和1根去皮的香蕉,捣碎后搅拌成糊状,敷于脸部10分钟,以温水洗去。

给毛孔来场"大扫除",污垢和毒素一扫而光,皮脂腺畅通无阻,皮肤才能水嫩柔滑。如果脸部用不完,也可以敷在胸部、背部,对长在身体上的痘痘同样有效。

红豆泥排毒面膜

红豆洗净后煮烂,在搅拌机中彻底打碎成红豆泥,冷却后均匀地涂抹于脸部,约15分钟后,以温水洗净。

红豆清热解毒,能促进皮肤顺利代谢油脂,调节水油平衡,令皮肤嫩滑清透。不过,天然面膜容易变质、不宜保存,最好一次用完。

茶树纯露面膜

将压缩面膜纸浸泡在茶树纯露中充分吸收,展开面膜纸敷在脸部,15分钟后取下即可。

茶树纯露的消炎作用非常明显,而且能加速伤口愈合,对红肿型痘痘和成熟期痘痘更为有效。经常使用,在补充皮肤水分的同时还能有效收缩毛孔。

海藻补水面膜

在20克海藻粒中倒入适量纯净水混合,待海藻粒吸水膨胀粘连时,捏制成面膜形状敷在脸上,15分钟后洗净即可。

纯天然植物海藻粒非常温和,消炎和补水都很棒。同时海藻粒有修复肌肤的功效,去痘效果也不错。

海藻粒为紫红色,似黑芝麻一般,椭圆,颗粒极小。在中药店或通过网店可以买到。

成熟期

痘痘不是不能挤，只是要等到不再痛痒，呈现出透明色，或露出尖尖脓头的成熟期。首先以酒精棉球彻底消毒双手和痘痘周围的皮肤，再准备一根专用的挤痘针——它的针尖比普通的针粗一些，能给痘痘更大的开口，让脓水顺利流出。挤痘针消毒后，以针尖扎破痘痘，然后以干净的平头镊子轻挤痘痘，拿干净纸巾擦去脓水。最后，可以敷上一些有消炎功能的凝胶状药品，如红霉素软膏。

凡事不能急躁，与痘痘的抗争更应当有耐心，循序渐进，相信痘痘很快会"投降"，光洁平滑的脸蛋必将重新回归。

日常护理小窍门

除了在痘痘高发期进行"密集"护理，容易长痘的皮肤在平时更应当温柔耐心地对待。牢记以下几个护理小窍门，轻轻松松和痘痘说再见。

* **清洁**

爱长痘的多是油性皮肤，当然要注意清洁，但洗脸时应注意，痘痘肌对水温往往更敏感，因此不要以太热的水刺激脸部，那样会扩大毛孔。冷水和温水交替洗脸，能加快皮肤的新陈代谢速度，将皮肤表层的污垢及时清除。

* **控油**

　　油脂不仅会滋生痘痘，还会让人看起来油光满面。控油真正有效的方法是作用于皮脂腺，从内里调理油脂分泌，逐步实现水油平衡。那些通过收紧毛孔减少油光的产品，让油脂堵在毛孔中，反而更容易引发痘痘。"大油田"女性朋友可以适当补充维生素B_6，多吃一些维生素B_6含量高的食物，如香蕉或鱼类。

* **补水**

　　痘痘肌水油不平衡，需要不断提高皮肤的含水量。与其通过昂贵的护肤产品外补，倒不如通过饮食和生活习惯内补，往往更有效！

* **防晒**

　　紫外线不仅会加速皮肤的老化，还会加深痘印，做好防晒工作很重要。不要以为待在室内就是万全之策，紫外线可是无孔不入的。随身带把遮阳伞，罩件轻薄长袖衫，在屋里拉上窗帘，一个小动作就有大帮助。

日常护理小窍门

水分内补法
1. 多吃蔬菜水果，每天喝足8杯水。
2. 多吃骨胶原、卵磷脂、维生素、矿物质含量丰富的食品，能增强皮肤的储水能力。煲汤是最好的烹调方法。
3. 保持周边环境的空气湿度，冷气房内可以放一盆水或空气加湿器。
4. 沐浴可以促进身体的血液循环和新陈代谢，调节皮脂，清理毛孔，增加水分吸收。

晒后修复必知
1. 以冰镇的生理盐水湿敷，可以减轻晒后发炎反应。
2. 晒出水泡或脱皮的地方要擦略具水性的抗生素药膏，避免感染。
3. 停用一切护肤产品、化妆品，避免进一步伤害。
4. 过高的水温会加重症状，千万不要用过热的水洗脸、泡澡，更不要泡温泉。

祛斑 白嫩皮肤没斑点

关于斑的形成

斑是指皮肤表层形成的黄褐色、黑色斑点，多发于脸部，属于色素障碍性皮肤病。

斑的形成和黑色素的沉积有关。为了抵御紫外线的伤害，皮肤中的酪氨酸酶经过复杂的反应生成黑色素，正常情况下，黑色素颗粒会随着身体代谢均匀地运输到皮肤表层，最终随角质层的脱落离开皮肤。当皮肤新陈代谢出现问题时，黑色素无法在皮肤表层均匀沉积，黑色素聚积的地方就会形成色斑。

而引发黑色素沉积异常的原因是多重的，先天遗传因素、皮肤重金属中毒和不良生活习惯，都有可能引发黑色素沉积不均匀，进而诱发色斑。

多种斑点，各个击破

雀斑——加强防晒可淡化

雀斑是一种颜色比较浅、呈淡褐色的斑，因"状若芝麻散在，如雀卵之色"而被称作雀斑。它最容易出现在颧骨、眼周、两颊等太阳光容易照射到的地方。

雀斑往往发作时间较早，5~6岁的小儿也有可能会长雀斑。医学上一般认为，雀斑是遗传基因引起的，皮肤越白的人越容易长雀斑。由于雀斑是与生俱来的，所以要通过皮肤护理彻底去除雀斑是不可能的。但紫外线对雀斑的影响很大，雀斑在夏季颜色会加深，数目也会增加，进入冬季症状会相对减轻。所以，加强防晒可以减轻雀斑的症状。对有雀斑问题的人来说，一年四季都应把抵御紫外线伤害放在第一位。

黄褐斑——保持愉悦心情

黄褐斑最明显的特点是颜色呈黄褐色，在脸部呈对称分布。它往往出现在额头、两颊、鼻翼处，最容易骚扰中年女性。

黄褐斑又叫肝斑，肝郁、肝火旺等问题往往会引发内分泌失调，造成黄褐斑出现。黄褐斑多与女性的内分泌问题相关，月经不调的女性最容易长黄褐斑，服用避孕药、怀孕期间，体内雌激素会出现突然变化，也会引起黄褐斑。

黄褐斑是一种后天形成的斑，通过改善内分泌可以淡化、祛除。由于内分泌问题常常是由于压力大、心情抑郁造成的，所以要彻底祛除黄褐斑，关键在于好好调节自己的心情，保持舒畅和愉悦，不给黄褐斑滋生的机会。

晒斑——隔离外界刺激

晒斑是由于日光暴晒造成大量黑色素沉积在皮肤表面，进而形成的深棕色椭圆形斑。晒斑并不像雀斑一样与生俱来，它是皮肤因外界刺激引发的损伤性反应，因此会随着外界刺激的强弱而加深或淡化。晒斑的形成和肤质也有一定关系，敏感皮肤的人往往是晒斑的高发群体。

对晒斑来说，最好的预防方法就是从源头上隔离相关的刺激。尽管听起来晒斑像是日晒而引起的色斑，但事实上，电脑屏幕、X光机、紫外线照射仪等电器辐射，也会产生类似的后果，这些辐射甚至比普通太阳光照射更为严重。因此，要预防晒斑，除了做好防晒外，尽量远离电器辐射也非常重要。

黑斑——加强美白补水

黑斑是因为皮肤受到损伤影响代谢而形成的后天斑。使用含有重金属的化妆品或护肤产品、皮肤过敏、长痘和炎症，都有可能刺激黑色素细胞的繁衍，进而形成黑斑。

人们常说"十个女人九个斑"，可见色斑是女性常见的皮肤问题。所以，一定不能对脸上的斑点安之若素。对付色斑、摆脱色斑困扰，应当从防晒、补水、美白等基础护理入手，同时多吃活血养颜的食物，以促进皮肤的新陈代谢。持续内外兼修，双管齐下，一定能拥有洁白无瑕、无斑困扰的美丽肌肤。

生活中的祛斑良方

红枣枇杷粥

据《本草纲目》记载，枇杷有滋阴润肺、延缓衰老的功效。红枣则富含多种维生素、氨基酸，能够补中益气、养血安神。枇杷、红枣与糯米一同煮粥，可以作为温和的滋补品，对防止血液瘀滞、色素沉积有一定功效。

材料

长糯米50克、鲜枇杷5个、红枣5个、冰糖10克、清水适量。

做法

1. 糯米淘洗后，在清水中浸泡1~2小时。
2. 枇杷切成4瓣，去除枇杷核，留枇杷肉待用。
3. 在锅中加入3碗水，放入糯米后，以大火煮沸。加入枇杷肉、红枣、冰糖，小火熬煮30分钟即可食用。

花生黑芝麻糊

黑芝麻和花生中维生素E和B族维生素的含量都很高。维生素E有很强的抗氧化性，能够阻止黑色素的形成，而B族维生素有助于促进雌激素合成，调节女性的内分泌，同时加快皮肤的新陈代谢，抑制黑色素沉淀。花生、黑芝麻糊味道香甜、营养丰富，经常食用，对色斑（特别是黄褐斑）的淡化有很好的效果。

材料

黑芝麻30克、花生20克、糯米粉10克、白糖适量、纯净水适量。

做法

1. 将黑芝麻和花生分别在热锅中炒香，出锅冷却后，以擀面棍碾碎。
2. 以常温纯净水将糯米粉冲开，搅拌均匀，使之成汤状。
3. 在锅里加入约一碗清水，加热烧开后，将碾碎的黑芝麻和花生、糯米粉汤依次倒入锅中，并不断搅拌防止粘锅。再次沸腾后盛出，加白糖调味后即可食用。

生活中的祛斑良方

酒酿冲蛋

中医认为,脸部长斑是肝肾阴虚的反映。肝郁肾亏会造成气血运行不畅,血液瘀滞,进而形成色斑。甜酒冲蛋这道甜品营养丰富,含有少量酒精,能驱寒补虚、活血养气,达到滋阴养肾的效果。以蛋白质、维生素E和B族维生素含量更高的鹌鹑蛋代替鸡蛋,再加入补肾养肝的枸杞,增加了甜品祛斑养颜的效果。经常食用甜酒冲蛋,能够帮助女性淡化色斑、保持脸色红润。

材料

甜酒酿200克、鹌鹑蛋5个、枸杞10个、冰糖适量。

做法

1. 在锅中加入2碗清水,煮开后加入酒酿搅匀。
2. 鹌鹑蛋提前磕入碗中打散,将酒酿汤倒入蛋液中快速搅匀。加入枸杞、冰糖调味后即可食用。

问题肌肤的特别护理

纯天然祛斑方法

祛斑是一个循序渐进的过程,需要耐心、细致,在每一个环节和程序上都做足工作。充分利用身边纯天然的护肤成分,从清洁到护理,把握好祛斑的每一个环节,才能有效祛斑,让斑点不再来。

丝瓜洁面法

丝瓜中含有防止皮肤衰老的维生素B_1、有助美白防晒的维生素C,是功效全面的纯天然美容剂。丝瓜汁凉血解毒,能够有效淡化斑点,特别是雀斑。清洁工作是皮肤护理的基础,每天持续使用丝瓜汁洁面,能够提高皮肤弹性、使皮肤细腻白滑,远离色斑困扰。

材料
丝瓜1条。

做法
将嫩丝瓜去皮切成薄片,直接以丝瓜片擦脸,可以达到去除尘垢、淡化斑点、收缩毛孔的效果。

纯天然祛斑方法

茄子优酪乳面膜

茄子是一种美容功能强大的蔬菜。它富含维生素P，能够增加皮肤内血管的弹性；维生素E和维生素C的含量也很高，能够降低自由基活性，有抗衰老、祛斑的作用。茄子与优酪乳搭配，能抑制黑色素生成，补水保湿，提高皮肤的弹性。这款面膜既能达到普通面膜滋润皮肤、充分补水的作用，又能达到特效面膜有针对性淡化斑点的效果，还皮肤白嫩的本色。持续每周使用1~2次，对长斑皮肤大有好处。

材料

新鲜圆茄100克、无糖优酪乳20克。

做法

将新鲜圆茄去皮切块，放在食物料理机中打成泥状，与优酪乳混合后充分搅拌成糊状，敷在脸上15分钟后洗净即可。

茯苓祛斑膏

白茯苓外用有增加血管弹性、提高皮肤免疫力的作用。古籍中记载，茯苓能淡化黑斑、疤痕，尤其是黄褐斑。将茯苓与蜂蜜调和制成的祛斑膏，作为祛斑护理的最后一步，能够有效巩固祛斑效果，同时美白、润泽肌肤，延缓皮肤衰老。

材料

白茯苓粉20克、天然蜂蜜20克。

做法

将蜂蜜倒入白茯苓粉中，充分搅拌均匀成膏状，可作睡眠面膜或晚霜使用。每天入睡时，在脸上敷薄薄一层，次日早晨洗去。

紧致毛孔 完美肌肤"零毛孔"

毛孔小知识

毛孔是毛囊和皮脂腺在表皮处的共同开口,人体的毛发通过毛孔生长到皮肤外面。除此之外,毛孔还承担着许多重要的生理功能,如排泄皮脂、调节体温等。

女人都希望皮肤无懈可击,再近的距离也挑不出瑕疵。但粗大的毛孔会令皮肤显得粗糙、衰老、肤色不均,是变身"零焦距"美女的最大绊脚石。打造完美肌肤,毛孔一定要细小而

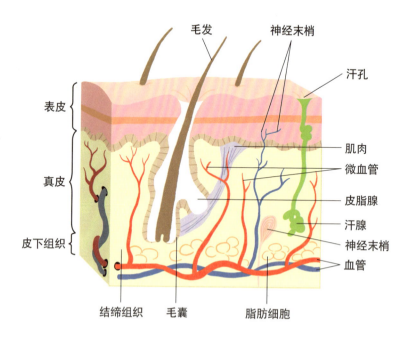

不明显，才能美得毫无缺陷。

毛孔的弹性来自四周的结缔组织，其主要成分是像布丁一样饱满而富有弹性的胶原蛋白。遗憾的是，毛孔本身没有弹性，想要永久性地缩小毛孔是不可能的。正确、适度的护理，能够令毛孔清洁、通畅，让毛孔周边的结缔组织和皮肤细胞饱满紧致，使毛孔变得不那么显而易见，达到毛孔细致、皮肤光滑的效果。

对症下药解决毛孔粗大问题

不同类型的皮肤，需要不同的护理方式，问题皮肤更需要对症下药进行护理。毛孔问题虽然较为棘手，但了解问题出现的原因，采取针对性的措施，也能明显缓解和改善，让皮肤更快回归细嫩柔滑。

角质型毛孔粗大

毛孔中存在表皮细胞，这些看不见的表皮细胞，也会形成角质代谢。废旧的角质层不及时清理，会堆积在毛孔内部，与油脂混合后，堵塞甚至撑大毛孔。有些人脸部粗糙、暗沉，毛孔总是显得脏脏的，用手还能挤压出颗粒状的黑头、白头，往往是角质型毛孔粗大造成的。加强清洁，养成按时去角质的好习惯，是预防和减轻角质型毛孔粗大的有效方法。

出油型毛孔粗大

脸部皮肤出油严重的人,毛孔往往比较粗大,仔细观察会发现毛孔呈现U形,T字部位还会有黑头、粉刺不时涌现。这种状况属于出油型毛孔粗大,与皮肤油脂分泌过剩有关。皮肤分泌过多的油脂没有及时清理,残留在毛孔中,吸附了灰尘、皮屑等污物,被空气氧化后变硬,就会将毛孔越撑越大。

应对出油型毛孔粗大,需要调节皮肤的油脂分泌,每周对毛孔做一次深层清理,清理毛孔后还要及时收缩毛孔,防止毛孔周围的皮肤松弛。

缺水型毛孔粗大

皮肤处于缺水状态时，表皮细胞干瘪、收缩，毛孔四周缺乏支撑，就会明显暴露出来。皮肤细胞充分吸收水分后会饱满、膨胀，细胞间的空隙变小，往表皮层推挤毛孔，毛孔自然变小。如果脸部时常感到紧绷干燥、肌肤的纹理明显，细看时，张大的毛孔呈现椭圆的泪滴形，这说明皮肤缺水是造成毛孔问题的首要原因，应当尽快加强补水与保湿。

老化型毛孔粗大

皮肤进入衰老状态时，毛孔周围的胶原蛋白、弹力组织日益萎缩、失去弹性。由于缺少胶原蛋白和弹力蛋白的支持，毛孔周围的皮肤松弛下垂，造成毛孔凹陷，呈现狭长的线形或Y

Point 肌肤抗衰老秘诀

1. **加强防晒**：紫外线是加速皮肤衰老的主要原因之一。
2. **注意抗氧化**：自由基的氧化反应会严重破坏皮肤中的胶原蛋白。摄入过多油腻的食物，会加快自由基在体内产生的速度，加速人体的老化。多进食抗氧化的蔬果，如石榴、番茄、葡萄等，可以减缓皮肤内胶原蛋白的流失。
3. **多补充胶原蛋白**：食用胶原蛋白含量高的食物，能为皮肤提供充足的胶原蛋白，增加肌肤的弹性。菌类中的香菇、木耳、银耳；水果中的木瓜；海产品中的海带，都是很好的选择。

形。而两颊部位，往往是老化型毛孔粗大的重灾区。

　　肌肤的衰老程度并非只与年龄有关，不注意防晒和保湿，皮肤会提前衰老，毛孔问题只是一个预警。应对这种情况，平时应注重皮肤抗衰老保养，为肌肤"减龄"。

螨虫型毛孔粗大

　　螨虫是一种微小的寄生虫，往往寄生在人体皮脂腺丰富的部位，以皮肤分泌的油脂为生。螨虫在晚间比较活跃，它们在毛囊口进出、交配、产卵，使毛孔受到刺激后不断变大。一旦发现毛孔中能挤出颗粒物、鼻翼两侧发红脱皮、夜间脸部时有瘙痒的症状，说明皮肤已经感染了螨虫，需要尽快去医院就诊，及时清除脸部螨虫。

Point 除螨小秘诀

1. 保持室内清洁、干燥、通风，定时清理灰尘死角，特别是地毯、空调过滤网、宠物用品表面等，最容易窝藏螨虫。
2. 遵医嘱外用或口服甲硝唑类药物，能够有效控制较为严重的螨虫感染。
3. 在日常饮食上，适当增加杂粮的食用量，多吃清淡的蔬果、豆制品、海带，少吃或不吃刺激、油腻的食品。
4. 养成良好的生活习惯，杜绝熬夜、抽烟、酗酒等不良习惯，以增强皮肤的抵抗力。

巧妙动手，预防毛孔粗大

＊白煮蛋按摩法

鸡蛋白的主要成分是蛋白质，同时含有多种微量元素，煮熟后的蛋白柔软而富有弹性，按摩皮肤时非常舒适。在白煮蛋微烫时对脸部进行按摩，能有效促进皮肤血管舒张，加快血液循环。经常按摩，可以令毛孔通畅，脸色红润。

- 清洁脸部后，让煮熟去壳的鸡蛋略微冷却，在鸡蛋还微烫时放在脸部滚动按摩。
- 将鸡蛋从两眉逐渐向上竖向滚动至发际线，充分按摩整个额头。
- 按摩眼部和唇周时，应当按照肌肉的走向，呈圆周形滚动按摩。
- 沿着鼻翼两侧，分别从中间往两边滚动鸡蛋，一直推至耳根部位，充分按摩两颊。
- 以鸡蛋充分按摩脸部直至其完全冷却，然后用冷水浸过的毛巾轻轻拍打脸部，及时收缩毛孔。

＊不锈钢勺按摩法

只要方法正确，家中常见的不锈钢勺，也可以成为预防毛孔粗大、有效收缩毛孔的好帮手。使用加热后的勺子在脸部按摩，刺激脸部血管，有活络血管、加

问题肌肤的特别护理

强代谢、促进排毒的作用；紧接着以冷却后的勺子按摩，能有效收缩脸部毛孔。冷热交替，有助于保持毛孔四周细胞的弹性和活力，为毛孔提供更好的支撑力。按摩时可以分别以开水和冰水来加热和冷却不锈钢勺，按摩过程中，始终以勺子鼓起的一面与脸部接触。

- 将加热后的勺子在额头上轻轻按压，沿着眉毛方向，缓缓向太阳穴移动，直至额角发际线。额角是脸部和头部的交界，温暖并按摩额角，能够提高脸部皮肤的紧致程度，对皮肤松弛老化引发的毛孔问题有很大改善作用。

- 冷却勺子，将勺贴在鼻翼上，由内向外滑动勺子至耳根处，在耳根处提拉停留3~5秒，提拉按摩能有效减轻皮肤下垂的状况。然后在颧骨处打圈轻揉，以刺激淋巴，加速排毒。

- 将勺子横放，按从中间到两边、从上至下的顺序，轻轻击打脸部，使用热勺和冷勺各做一次，通过冷热交替刺激皮肤，保持皮肤的健康和活力，为毛孔提供强大支撑力。

粗大的毛孔是"零焦距美女"的天敌，毛孔一旦扩大，想要再恢复原来的细致，就需要花费很多的心思和很长的时间。所以，毛孔护理应以预防为主，在调节油脂分泌、清洁毛孔、抵抗皮肤衰老等方面多下功夫，辅以收缩毛孔的特别护理，自然能保养出紧致细嫩的好皮肤。

收细毛孔的纯天然妙方

白菜罗勒毛孔收敛水

白菜含大量维生素C，能有效调节油脂分泌，白菜汁中微小的粗纤维可以吸去毛孔中的脂溢物。罗勒是夏季常见的调味香草，其汁液有助于疏通、收敛毛孔，也可用新鲜薄荷叶代替。芹菜汁在抵抗衰老、滋润皮肤方面效果很好，能帮助皮肤保持紧致和弹性。这款自制的毛孔收敛水放在冰箱中可保存2天，冷藏后收缩毛孔的效果会更好。

材料

新鲜大白菜2片、新鲜罗勒叶10片、嫩西芹茎2根、清水100毫升。

做法

1. 白菜洗净切条，西芹茎洗净切丁后，同罗勒叶一起放入榨汁机，倒入清水后，用榨汁机榨汁。
2. 过滤杂质，留取汁液，早晚洁面后，用化妆棉蘸取，涂在脸部，轻轻拍打帮助吸收。

番茄蛋白紧肤面膜

酸性的番茄汁能够调节脸部皮肤的pH值，减少出油量，还能去除老化的角质，蛋白有助收细毛孔，橄榄油可以有效滋润皮肤。番茄蛋白面膜功能全面，一周使用2次，可减缓皮肤衰老，收缩毛孔，塑造紧致、细嫩的脸部肌肤。

材料

番茄1个、鲜鸡蛋1个、橄榄油1匙。

做法

1. 番茄底部切十字，用开水烫后去皮，将果肉捣碎成泥。
2. 鸡蛋敲开，取蛋白，放入番茄泥中拌匀，滴入橄榄油即可。
3. 洗完脸后以热毛巾敷脸5分钟，再将面膜均匀涂于脸部，感到蛋白发干、皮肤紧绷时洗去。

问题肌肤的特别护理

收细毛孔的纯天然妙方

绿豆粉果醋面膜

果醋具有消炎杀菌及平衡油脂的作用，绿豆则有排毒消肿的药用价值。使用绿豆粉果醋面膜敷脸，能够促进脸部皮肤的新陈代谢，有效收缩粗大的毛孔，让脸部皮肤逐渐恢复细腻。但果醋有一定的刺激性，敏感皮肤和干性皮肤的人不适合使用。

材料
绿豆粉20克、天然苹果醋20毫升。

做法
1. 在绿豆粉中倒入适量果醋，充分搅拌成糊状。
2. 清洁脸部后，避开眼周和唇部，将调制好的面膜均匀敷在脸上，15分钟后洗净即可。

香草茶汁天然面膜

薄荷可以收敛爽肤，在收缩毛孔的同时为皮肤带来阵阵清凉。迷迭香有助于抗氧化，防止毛孔老化松弛。苏打粉则能加快油脂分解、有效控油。香草茶汁面膜温和无刺激，即使是敏感肤质，也可以放心使用。每周1～2次持续使用香草茶汁面膜，能有效促进毛孔的收缩，早日回复细嫩光滑的容颜。

材料
干薄荷叶和干迷迭香各10克、食用苏打粉半匙、纯净水250毫升、压缩面膜纸1枚。

做法
1. 将薄荷叶和迷迭香放进盛有纯净水的容器中，浸泡半小时后，大火熬煮15分钟。
2. 待香草茶冷却后，滤去杂质，加入苏打粉，缓慢搅拌至苏打粉完全融化。
3. 将面膜纸放入香草茶汁中，充分浸湿后，以面膜纸敷脸20分钟即可。

祛黑头抢救"草莓脸"

关于黑头的常识

皮脂腺分泌的油脂经毛孔排出体外，皮肤产生的细胞碎屑、表皮细胞代谢的废旧角质、空气中的灰尘，都有可能附着在毛孔中的油脂上，形成混合物。如果这些混合物没有被及时清理，它的表层通过开放的毛孔直接与空气接触，并因为氧化作用颜色不断变深，最终就会硬化成"楔状物"，堵在毛孔中。

引发黑头的原因

＊毛孔粗大

毛孔越粗大越容易堆积油脂和污垢，毛孔中的混合物也更容易与空气接触，发生氧化反应。

＊油脂分泌过多

形成黑头的元凶是堵塞毛孔的皮脂。当皮脂腺分泌的油脂过多，毛孔就极易堵塞，并吸附灰尘和死皮。

＊角质代谢不正常

皮肤代谢产生的废旧角质堆积在毛孔口，会加快黑头生成的速度。

去黑头方法的利弊分析

黑头使皮肤粗糙、肤色不均匀，形成黑点密布的"草莓脸"，影响脸部的美观，严重困扰着爱美的女性。只有彻底清除黑头，才能回归皮肤细嫩洁净的最佳状态。去除黑头的方法很多，可简单划分为4种：

外力拔除法

借助外力将黑头从毛孔中拔出，是一种物理性的解决方法。最常见的就是使用撕拉性面膜和去黑头鼻贴。外力拔除法直接作用于黑头，对清除黑头有立竿见影的效果，但经常拉扯毛孔周围的皮肤，会使其松弛变形，导致毛孔变大、黑头出现速度加快。除颗粒大、较顽固的黑头外，不建议使用外力拔除法去除黑头。

挤压毛孔法

挤压毛孔法通过挤压毛孔四周的皮肤，将油脂粒和黑头排出，也是见效很快的去黑头方法，对大粒的黑头效果更明显。但是娇嫩的脸部皮肤很容易因挤压受到伤害，可能因挤破而发炎、留下疤痕。同时，毛孔周边的结缔组织弹性有限，过度挤压会使细胞变形，造成毛孔的永久性粗大。和外力拔除法一样，挤压毛孔法最多只能偶尔为之，不宜长期使用。

深层清洁法

深层清洁法通过对毛孔的深层清理，及时去除毛孔中的油脂和废旧角质，避免硬化油脂混合物的产生，也就不会氧化形成黑头。通过洗脸、做面膜、去角质等方式对毛孔进行深层清洁，有助于疏通毛孔，从源头解决黑头问题，对毛孔也没有任何刺激、伤害，不失为去黑头的好办法。但它的效果更偏重于预防，对顽固的黑头见效甚微，需要长期坚持。

溶解软化法

黑头是一种硬化的油脂混合物，通过化学方法对其进行溶解和软化，促使它从毛孔排出，可以温和地去除黑头。但黑头的溶解软化需要一个过程，按摩花费的时间较长，需要有一定的耐心。而溶解黑头的酸性、碱性物质往往有刺激性，敏感皮肤应当慎用。

循序护理，解除黑头魔咒

黑头的形成是一个恶性循环的过程，频繁冒出的黑头将毛孔不断撑大，粗大的毛孔更容易形成栓塞。所以，一次性清除黑头很容易，要彻底清除黑头却是难题。去黑头需要从深层清洁开始，以收紧毛孔为结尾，长期坚持，才能杜绝黑头，远离"草莓脸"。

聪明清理黑头

鲜奶燕麦洁肤面膜

燕麦片含有丰富的纤维，按摩时能够有效清洁毛孔，去除脱落的角质，同时促进脸部血液循环。鲜奶可以滋润皮肤，延缓衰老。每周使用一次鲜奶燕麦洁肤面膜，能够深层清洁皮肤，保持肌肤柔软，预防和减少黑头。

材料

即溶燕麦片50克、鲜奶50毫升。

做法

鲜奶煮至温热，倒入即溶燕麦片，泡至燕麦片发软，搅拌成糊状。洁面后将鲜奶燕麦糊敷在脸上，以手指打圈按摩脸部，特别是黑头多的部位。20分钟后以清水洗去即可。

红糖蜂蜜按摩膏

红糖和蜂蜜中含有大量营养物质，有抵抗氧化、润泽皮肤、保湿锁水的美容功效。红糖在蜂蜜中溶化成微小的颗粒，能够深入毛孔，有清洁作用。

材料

红糖2大匙、蜂蜜适量。

做法

在红糖中加入适量蜂蜜，调匀成膏状后涂在T字部位，打圈按摩5分钟后洗去。

问题肌肤的特别护理

清洁

去黑头前的清洁包括去除角质和清洁毛孔两方面。角质层包裹住黑头，会使黑头变得更加坚硬，难以去除。去除角质、清洁毛孔不仅能有效预防黑头产生，还可以帮助去除较小的黑头，同时为集中"扫黑"清除障碍，令去黑头工作更轻松。

进行深层清洁时，切记动作要温和，避免对毛孔和毛孔四周的皮肤产生损伤，防止皮肤老化和毛孔松弛。

软化

溶解软化法能清理掉较小的黑头，软化顽固的黑头，相对来说对皮肤的伤害比较小。但也应当注意根据自己的皮肤状况，选择适当的按摩膏和黑头导出液。油性皮肤的人耐酸性比较强，可以使用一些偏酸性的黑头导出液软化排出黑头；较温和的油类按摩法则适合包括敏感肤质在内的所有肤质。

*荷荷巴油按摩除黑头**

荷荷巴油分子排列最接近人体的油脂，溶解黑头的效果较好。而且，荷荷巴油维生素含量丰富，有良好的抗氧化性和预防皱纹的美容功效，极易被皮肤吸收，号称最佳的脸部按摩油。

将2滴荷荷巴油滴在指尖中，搓至发热。以指尖在黑头多的地方耐心打圈按摩。20分钟后，较小的黑头就会被溶解，手指能感觉到微小的颗粒，以面纸擦去颗粒后，再持续按摩半个小时。

荷荷巴油按摩一周可以进行2～3次，因为整个过程费时较长，所以需要耐心，建议在晚间一边看电视一边进行按摩。由于荷荷巴油温和无刺激，基本上所有肤质的人都可以放心使用。

拔除

经过清洁、软化，清除黑头的计划已经初见成效，不过，总有几个大粒黑头顽固不化。这时，可能需要借助外力来拔除它。

*热米饭拔黑头

将刚出锅的热米饭以手指揉碎，等到饭粒变得黏黏的，将它捏成小团，放在黑头密集的部位，慢慢推开铺匀。再将饭团重新团起，在黑头处反复滚动。新鲜的米饭质感柔软，营养丰富，借助米粒极强的吸附力，可以将黑头从毛孔中拔出。

*蛋白吸油纸去黑头

在黑头处涂一层薄薄的新鲜蛋白，然后将吸油面纸紧紧贴在蛋白上，一定要与皮肤完全贴合，然后再涂上一层蛋白。等到蛋白紧绷发干时，快速扯下吸油面纸。

蛋白吸油纸去黑头法与撕拉性面膜的原理相同，通过外力的作用将黑头从毛孔中拔除。撕拉的过程会有轻微的痛感，但对久除不去的顽固黑头效果很好。使用前应当做好黑头的软化工作，同时注意事后及时收敛毛孔。

聪明清理黑头

维生素C黑头导出液

维生素C溶液呈酸性，能分解脂类，渗透进毛孔后会松动、软化黑头，为拔除黑头打下基础。酸性溶液有一定刺激性，所以维生素C黑头导出液更适合耐酸性较强的油性皮肤使用。使用这种方法处理黑头，不宜过于频繁，每周一次即可。

材料

维生素C4片、纯净水适量、化妆棉数片。

做法

将维生素C片碾成粉末，以纯净水搅拌溶解。把化妆棉放在维生素C溶液中充分浸透，然后在鼻子上敷15分钟，黑头就会分解成白色的小颗粒，浮出毛孔。

发酵粉黑头导出液

食用发酵粉的主要成分是小苏打，加水后呈弱碱性，可以分解脂类物质。这款导出液取材方便，制作简单，一周使用一次就能有效清除皮肤表面的黑头，但碱性物质容易使皮肤干燥，敏感肤质和干性皮肤的人不宜使用。

材料

食用发酵粉1匙、纯净水20克、化妆棉数片。

做法

将发酵粉放入纯净水中，搅拌至完全溶解。将化妆棉放在其中浸湿，以手指挤出化妆棉上多余的液体，将化妆棉敷在有黑头的皮肤上15分钟，过程中要保持化妆棉湿润。最后以干净的面纸，轻轻擦去浮出的黑头。

收敛毛孔

把黑头从毛孔里清除出去,并不是去黑头工作的终点。除去黑头后毛孔张大,如果不及时收敛,很快就会被油脂、角质、灰尘抢占,使黑头卷土重来。

收缩毛孔最简单的方法是冰敷。把矿泉水倒入制冰盒中,放入冰箱制成小冰块,用干净纱布包起来,在已经去除黑头的地方轻轻滚动1分钟,能够有效收缩张大的毛孔,同时增强毛孔周围细胞的活力。

黑头对皮肤的影响虽然不像痘痘那么明显,但星星点点的"草莓脸"也会令人烦恼不已。而且,黑头若不及时治疗,往往会诱发痘痘和粉刺,且黑头一旦出现,就会非常顽固,成为长期困扰大家的皮肤问题。

拥有白皙细嫩皮肤之人,千万不能对黑头掉以轻心,要养成良好的护肤习惯,注重脸部清洁工作,保持皮肤水油平衡,不给黑头可乘之机。

黑头问题出现之后,切忌操之过急而使用见效快却伤害性大的去黑头方法,欲速则不达,需要长期坚持、耐心以及细致的护理,肌肤状况才能逐渐改善。

除粉刺 全歼粉刺不留情

深度揭秘粉刺

通常所说的粉刺,医学上称为"闭合性粉刺",为了与黑头区别,也叫它"白头粉刺"。白头粉刺一般很小,如同小米粒一般,又和皮肤的颜色一样,所以从远处几乎看不出来。但仔细观察脸部,可看到一个个突起的颗粒物,触摸时有凹凸不平的感觉。以手或粉刺针挤压白头粉刺后,会有白色或黄色的脂状分泌物挤出。

粉刺是一种常见的皮肤问题,和痘痘、黑头一样,属于痤疮的临床表现之一。白头粉刺的生长周期长达5个月,有些白头粉刺成熟后会由封闭至"开放",变为黑头粉刺,还有一些白头粉刺始终封闭,内里的脂状物越积越多,不断膨胀,被细菌感染后,形成脓包状的痘痘。

粉刺是怎么形成的

粉刺和黑头同属痤疮,形成的过程也非常相似。

生物学上把"皮脂腺开口处至毛囊口的、围绕毛根的部分皮肤组织"称为"毛囊漏斗部"。当皮肤正常的角质层代谢受到影响,或是脱落的角质细胞长期附着在皮肤上,可能引起皮脂腺导管角质化。此时油脂无法正常排出，毛囊漏斗部就会被堵塞。由于漏斗端部覆盖着表皮，毛孔直径不够大时，油脂和角质的混合物与外界隔绝，并不断堆积膨大，就会形成闭合性的白头粉刺。如果毛孔的直径比较大，混合物会通过毛孔不断和外界的空气接触，表面被氧化变黑，形成黑头。

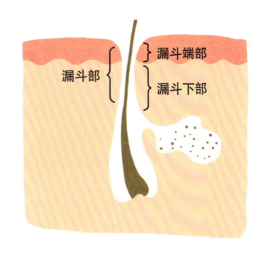

引发粉刺的原因

粉刺和痘痘的诱因基本上相同，可以分为内因和外因两种。

激素失调、身体排毒不畅、压力过大引发的内分泌失调，以及饮食结构不均衡，是引发粉刺的内在因素。外在因素主要是不当的皮肤护理方法：使用含油量高、厚重的护肤产品和化妆品，会加重毛孔堵塞，引发皮肤角质化；清洁工作不彻底、乱挤、乱抠粉刺等不当习惯，容易导致细菌感染，使粉刺症状恶化；疏于防晒，紫外线照射过多，会使皮肤衰老、粗糙，加快皮肤角质化，加重粉刺。

治疗粉刺——不同生长周期不同措施

粉刺一旦出现,说明皮脂腺已经开始角质化,角质化的皮肤要恢复正常需要较长的时间。因此,粉刺问题比黑头、痘痘问题更难解决。要摆脱粉刺困扰,不能只求速效,必须戒急戒躁,跟着粉刺的生长周期有针对性采取措施,才能重回光洁的鸡蛋肌。

初发期:清洁工作要注意

几天没注意,脸上竟然有粉刺冒出来,好在只是几个,没有连成大面积的粉刺地带。这是粉刺的初发期,情况并不严重,只要加以注意就能防止粉刺扩展和恶化。

对处在初发期、并不严重的粉刺,做好毛孔清洁是最重要的工作。打开封闭的毛孔,及时清理废旧角质和多余油脂,能让皮肤清爽、角质柔软、毛孔洁净。没有了滋生的土壤,粉刺自然会撤退。

应当注意的是,粉刺的出现预示着皮肤的角质层代谢已经有问题,如果这时才有意识地加强去角质工作,已是亡羊补牢,而且凹凸不平的皮肤摩擦力较大,频繁地去角质容易造成伤害,因此去角质时要尽量选择温和的方式,比如之前所提到的鲜奶燕麦洁肤面膜,就是很好的选择。

聪明清理粉刺

防粉刺洁肤水

玫瑰花含有大量的维生素C。维生素C能够增强细胞活力，促进细胞排毒，加快胶原蛋白生成速度。以玫瑰花煮成的玫瑰水，对皮肤有滋润保湿的作用，能提高皮肤弹性和角质层的含水量。搭配生地、赤芍，能清热解毒、散瘀消肿，可治疗和缓解较为轻微的粉刺。可在洁肤水温热时洗脸，利用热气打开毛孔，让药力深入皮肤。这款洁肤水制作方便，温和无刺激，隔一天可以使用一次，长期使用，能够有效预防、治疗症状较轻的粉刺。

材料

干玫瑰花15朵，生地、赤芍中药饮片各10克，矿泉水500毫升。

做法

1. 将所有材料以清水快速冲洗后，用纱布包好扎紧。
2. 将纱布药包放入盛有矿泉水的容器中，大火煮沸，然后文火煮15分钟。
3. 除去纱布药包，等到汤汁温热时用来清洗脸部。

问题肌肤的特别护理

成长期：听任发展不挤压

初发期是消除粉刺的最好时期，错过了这个时期，皮肤角质化情况加重，粉刺就会扩散，成片占领脸部。此时，皮肤摸起来凹凸感已经非常明显，表面坑洼不平，让脸部变成了月球表面。一旦粉刺进入成长期，只能任其发展，切记不能以手去挤压粉刺。成长期的粉刺隐藏在皮肤下面，需要用力才能挤出，而大力挤压粉刺会破坏毛孔周围结缔组织和胶原蛋白的弹性，使毛孔增大，万一挤破皮肤还有可能留下疤痕。

* **粉刺成长期注意事项**

1. 丢弃所有高含油量、过于滋润的护肤产品和质地厚重的化妆品，它们会加重长粉刺皮肤的负担，加快皮肤角质化。

2. 不要熬夜，养成按时就寝的习惯，维持充足的睡眠。熬夜会影响肝脏的排毒功能，诱发内分泌失调，使粉刺问题更加严重。

3. 养成良好的饮食习惯，少吃油腻、刺激性的食物。维生素A能够改善皮肤角质层重叠、促进皮肤细胞生长，对长粉刺皮肤的改善有很大好处，所以平时应多吃维生素A含量较高的菇类、蛋类。由于β-胡萝卜素在人体中能够转变成维生素A，类胡萝卜素含量丰富的菠菜、绿色花椰菜、胡萝卜、南瓜、桃子等，也是食疗防治粉刺不错的选择。

成熟期：粉刺针是好帮手

粉刺会不断生长膨胀，进入成熟期后，有些粉刺的顶端会裂开，成为开放性的黑头，但一些顽固粉刺会"终生封闭"。对后一种粉刺，日常的护理已无能为力，任其发展会引发细菌感染，造成毛孔发炎出脓。这时需借助外力，将粉刺中角质、油脂混合形成的栓状物挤压出去，粉刺针就是有力的"除刺"工具。

✻ 认识粉刺针

粉刺针是一种美容工具，一般的大型超市、美容工具专柜和个人护理用品商店都能买到。粉刺针是一根长约15厘米的针状物，以不锈钢质地、周身平滑为佳。它的一端像针尖一样锐利，可以挑破表皮，让粉刺露出来；另一端则是一个细丝小圆圈，挑破粉刺后，将小圆圈放在粉刺上挤压，可以挤出粉刺中的栓状物。

✻ 粉刺针会伤害皮肤吗？

有些人认为，使用粉刺针挑粉刺过于粗暴，会伤害皮肤。其实封闭性的粉刺堵塞毛囊，会滋生厌氧性细菌，引发炎症。只要使用得当，注意消毒工作，加强清理粉刺后的皮肤护理，粉刺针能成为扫除粉刺的利器。

✻ 粉刺针的正确使用方法

1. **消毒**：消毒是使用粉刺针前必要的步骤，能有效防止细菌污染皮肤，粉刺针必须以酒精擦拭或浸泡。使用粉刺针前，脸部需清洁，双手以肥皂或洗手液反复清洗。

2. **刺破**：选择凸起较为明显、表面发白的成熟粉刺，以粉刺针的针尖垂直刺破白头粉刺，动作要快速准确，才能保证粉刺被刺破，又让粉刺破口保持最小，减少皮肤受到的伤害。

3. **按压**：粉刺被刺破后，将粉刺针另一头的小圆圈放在粉刺上，保持粉刺破口位于小圆圈的中心处。稍微用力按压粉刺针，再将粉刺针轻轻平拉，使得圆圈的周边靠近粉刺头，但不要与其直接接触。在压力的作用下，粉刺中的脓液和栓状物就会被挤出。

4. **清洁**：以医药棉签清除挤出的栓状物和脓液后，在破口处敷上有消炎功能的凝胶状药品，如前文提到的红霉素软膏。也可以等待约20分钟，待粉刺破口被风干关闭时，以冷水清洗、拍打脸部，除去污物，收缩毛孔。

粉刺隐藏在皮肤下面，如同一处处暗礁，阻碍了皮肤驶向光滑细嫩的完美航程。粉刺的生长周期长、去除难度大，一旦长了粉刺，必须有打持久战的准备，遵照粉刺的生长规律，持续日常预防，加以针对性的护理，才能为回归光洁细嫩的皮肤保驾护航！

自制除粉刺面膜

海藻凤梨面膜

凤梨富含维生素C，汁液呈酸性，能清除毛孔中多余的油脂和老旧的角质，有疏通毛孔、防止角质堆积的作用。海藻的补水效果非常好，甘油则能有效保湿。这款面膜清爽控油，可深层清洁皮肤，能够有效预防粉刺。由于凤梨汁酸性较强，这款面膜只适合油性皮肤的人使用，使用频率每周最多一次。

材料
新鲜凤梨肉100克、海藻粒20克、甘油3~4滴、矿泉水适量。

做法
1. 将凤梨肉切丁后榨汁，滤取凤梨汁待用。
2. 在凤梨汁中滴入甘油，再倒入海藻粒，待海藻粒充分吸水膨胀后，捏成面膜的形状。如果凤梨汁和甘油混合溶液过于黏稠，可加入适量矿泉水稀释。
3. 将海藻面膜敷在脸上，20分钟后揭去，再次冲洗脸部即可。

中药面膜

赤芍有清热解毒、凉血消肿的功效，对痈肿疔疮等症状有很好的疗效。金银花、板蓝根都是消炎解毒的常见药材。这款面膜非常温和，任何肤质都可以使用，用不完的药汁可以放在密封的容器中冷藏保存。纯天然中草药面膜的效果在短期内并不明显，需要持续使用才能够舒通毛囊，减少粉刺，预防感染。

材料
赤芍、金银花、板蓝根各10克，甘草5克，纯净水300毫升，压缩面膜纸1枚。

做法
1. 将所有药材快速冲洗后，放入纯净水中，充分浸泡10分钟。
2. 将药材和纯净水一同下锅，以文火煎煮15分钟，过滤取药汁。
3. 将面膜纸放入药汁中，充分浸透后敷于脸部，15分钟后洗去。

自制除粉刺面膜

绿茶糙米面膜

糙米粉中的B族维生素和维生素E，能够提高皮肤的抵抗力，同时促进皮肤代谢和角质更新。优酪乳不但营养丰富，对清除老化角质也有很好的作用。绿茶有清洁、补水、控油的效果，其单宁酸杀菌作用显著，能够有效清除粉刺中的痤疮丙酸杆菌——痤疮丙酸杆菌是促使粉刺恶化成痘痘的主要元凶。这款面膜适合中性和油性皮肤使用，敏感皮肤和干性皮肤者，需先取少量在耳根处试用一下。

材料
绿茶粉1匙、糙米粉1匙、无糖原味优酪乳适量。

做法
将绿茶粉与糙米粉混合，加入优酪乳均匀搅拌成糊状。清洁脸部后，以热毛巾敷脸3分钟，然后将面膜涂抹在脸部，15分钟后洗去即可。

> **Note 痤疮丙酸杆菌：** 痤疮丙酸杆菌是一种细菌，它寄生于毛囊皮脂腺里，通过脂酶的作用，可水解甘油三酯，产生较多的游离脂肪酸，这些游离脂肪酸能使毛囊及毛囊周围发生非特异性炎症反应。炎症较重时，可出现脓包、囊肿。

问题肌肤的特别护理

消红血丝 消除双颊"高原红"

什么是红血丝？

每个人都渴望白皙透明的皮肤，但是，有些人虽然肤质很好，鼻翼和颧骨部位却常常出现像蜘蛛网般细如丝线、纵横交错的红丝，远远看去，就像在高原上生活的姑娘脸部常常出现的两团"高原红"。

医学上认为，红血丝是脸部的毛细血管扩张引起的皮肤现象。事实上，剧烈运动或温度剧变等刺激，都会引起毛细血管的扩张，导致脸色潮红，一般在短时间内就可以恢复。但毛细血管长期持续扩张，就会造成红血丝在脸部连成片状，情绪激动、温度变化都会加重红血丝状况，让人变得"脸红脖子粗"，非常尴尬。因此，中医又把红血丝现象叫"红赤面"。

红血丝形成的原因

过敏反应

很多人天生毛细血管分布较浅，许多外界刺激，如紫外线、花粉、特殊食物等，都可能成为过敏原，引起皮肤的过敏反应，刺激毛细血管时紧时松，造成瘀血，形成蛛网状血丝。敏感皮肤的人由于过敏原更多，因此也更容易出现红血丝现象。

角质层过薄

角质层是皮肤的天然保护层，角质层过薄会导致皮肤免疫力降低，甚至引发毛细血管扩张、破裂，形成星罗棋布的红血丝。导致角质层过薄的原因很多，如先天遗传因素，长期使用含有皮质类激素的护肤产品或外用药物造成激素依赖，频繁接受光子、果酸换肤等美容护理，长时间风吹日晒，过度去角质，都有可能使角质层变得脆弱不堪。

冷热温差刺激

冷热温差会使皮肤内毛细血管频繁地热胀冷缩，造成血液循环不畅，血液淤积，黏附在血管壁上，令脸上的红血丝异常明显。

Point 皮质类激素

皮质类激素是激素的一种，一般有消炎、免疫抑制、抗毒素、抗休克的作用，但容易造成激素依赖，当皮肤缺少这种激素时，往往会变得脆弱、敏感。

生活在高原环境

生活在高原地区的人，细胞长期处于缺氧状态，为了维持自身代谢所需要的氧，运送氧气的红细胞会相对增多，使毛细血管扩张、破裂。

不良的生活习惯

饮食刺激，营养不均衡，烟酒不离口，这些都会造成皮肤的抵抗力下降，导致毛细血管耐受力变低、缺乏弹性，极易扩张、破裂。

红血丝是健康的警示灯

较为严重的红血丝症状往往会伴有灼热和瘙痒感，甚至会形成沉积性色斑。所以，红血丝引发的"大红脸"常常令很多人困扰，但是红血丝绝不仅仅是"面子"问题，它可能是健康亮起的"警示灯"。

在中医看来，红血丝是一种因血行不畅造成的斑。引发血行不畅的，除了风吹日晒、温度骤变等"外邪"刺激之外，心气郁结、心火旺盛都会引起血热血燥、经络不畅。许多人的红血丝问题，其源头在于心，因为心主导着全身的血液运行。所以，去除脸部红血丝，要调养心脏、清热去燥。

从西医的角度来说，皮肤中的毛细血管是运送血红蛋白、为皮肤细胞代谢提供氧气的管道，红血丝的出现说明毛细血管出现了淤积甚至破裂，导致血液运行不畅。所以，红血丝严重时还会影响皮肤对营养物质的吸收，使皮肤变得粗糙、老化加快，容易出现色斑、细纹等问题。

好习惯预防"大红脸"

红血丝的根源在于皮下毛细血管扩张，属于很难彻底根除的皮肤问题，所以应当以预防为主。干燥的秋冬季，属于红血丝的好发季节，对容易被红血丝纠缠的干性肤质和中性肤质来说，更应当注意生活细节，养成正确的生活和护肤习惯，及早将红血丝困扰挡在门外。

洗脸时动作应柔和，不用过热的洗脸水和粗糙的洗脸巾。冷水洗脸能够锻炼皮肤，提高血管的弹性，增加皮肤抵抗力。

在保湿补水方面下功夫，避免皮肤因干燥脱皮加重敏感和脆弱。

保护好角质层，避免长时间的风吹日晒和频繁去角质。T字部位去角质每周不超过2次，脸颊部位去角质每周不超过1次。长期依赖激素性药物会使皮肤角质层变薄，毛细血管壁增厚。皮肤过敏选择外用药时，应当尽量避免激素类的药物。

良好的睡眠习惯能够提高皮肤的免疫力。每晚11点至次日凌晨2点，是人体进行代谢和排毒的最好时段，被称为"美容觉"时间，应减少熬夜次数，尽量每晚10点前入睡。肝火旺盛的人应当保持心态平和，可以根据自己的体质，食用一些凉性的水果或饮用凉茶。

悉心护理，淡化红血丝

红血丝属于较为复杂的皮肤问题，一旦出现往往会困扰终生。红血丝初露头角时，有针对性的护理能够改善和消除症状，发展到一定的程度时，便只有求助于药物和医疗才能彻底解决。所以，与红血丝的"正面交锋"会是一场"持久战"，悉心护理和长期坚持，一个也不能少。

加强保湿补水

一般来说，出现红血丝的问题皮肤角质层比较薄，锁水能力相对较弱，因此皮肤常会感到紧绷、干燥。日常保养需要加强保湿补水，以维持皮肤滋润平衡的状态。干燥的秋冬季节，或长时间处在空调或暖气房，尤其应当注重预防干燥，可随身自备矿泉水保湿喷雾，或开启空气加湿器。

拒绝刺激性护肤产品

红血丝的出现说明皮肤已经处在敏感、非健康的状态，因此，应当避免给皮肤增加负担，拒绝含水杨酸、果酸等刺激成分的护肤产品，以及带有磨砂颗粒的去角质膏和美白功效的护理产品等。因过敏导致的红血丝，在远离过敏原和外界刺激后，借由皮肤的自愈能力，经过一段时间可能会自行恢复。

避免冷热刺激

皮肤周围的温度升高，会加重毛细血管的扩张，给红血丝密布的脸蛋雪上加霜。所以，在洗脸时尽量不要用热水。不要长时间待在温度较高的地方，避免在过冷、过热环境中突然转换，以减少温度对毛细血管的刺激，冬天出门应当戴上口罩。

做好防晒工作

过多的阳光照射会造成皮肤温度骤然升高，加剧毛细血管扩张。阳光中的紫外线是造成角质层损伤的祸首之一，特别是红血丝皮肤，角质层已经非常脆弱，更应当注重防晒。对皮肤

Point 黄瓜补水面膜

黄瓜中含有多种氨基酸，能够为皮肤提供大量的营养和水分。有红血丝问题的皮肤往往缺水、脆弱，这款黄瓜面膜对脸部没有任何刺激，能够在补水的同时，安抚、镇定毛细血管，减轻红血丝症状。

材料
新鲜小黄瓜2根、压缩面膜纸1枚。

做法
小黄瓜切块，榨汁过滤后，将面膜纸放在小黄瓜汁中充分浸湿，湿敷脸部15分钟即可。

没有任何刺激和负担的防晒措施，当属物理性的防护。烈日当空时，遮阳伞、墨镜和遮阳帽是必不可少的物品。

食补以内养外

鲜奶、豆类、坚果中的蛋白质含量很高，蛋白质有助于增强毛细血管壁的弹性，舒缓红血丝症状。燕麦、荞麦等杂粮中含有大量B族维生素和纤维素，这些成分能提高皮肤弹性和抵抗力，有利于红血丝皮肤的恢复。水果和绿叶蔬菜富含维生素C和维生素E，可促进皮肤代谢，改善血液循环，能够在一定程度上淡化红血丝，有红血丝问题的人应当选用这些食物。

玫瑰维生素E祛红露

维生素E温和无刺激，能够滋养干燥泛红的皮肤，保持角质层湿润平衡的状态。玫瑰有舒缓肌肤、镇定祛红的作用。以医用棉签蘸取此祛红露，轻轻涂在有红血丝的部位，长期持续使用，能淡化脸部的红血丝。这款自制的祛红露不含抗生素，需放在冰箱冷藏室中保存，2~3天内用完。

材料

干玫瑰花10朵、维生素E胶囊1粒、纯净水200毫升。

做法

将玫瑰花放入水中，以大火煮沸后，文火煎至水仅剩一半。滤去花瓣，取玫瑰花水。将维生素E胶囊剪开，滴入玫瑰花水中即可。

食补·维持好脸色

"白里透红"的美丽肌肤令人向往，但凡事往往过犹不及，脸颊上密布的红血丝常常让人烦恼不堪。虽然要彻底消退红血丝非常困难，但正确的护理方法、良好的生活习惯、合理的饮食调养，加上长期的坚持，能够不断提升毛细血管弹性，增强皮肤的抵抗力，令皮肤恢复健康。皮肤健康，红血丝自然会淡化消失，脸色便可重新回归白皙红润之美。

红枣木耳药膳汤

黑木耳和红枣都是美容上品，有养血驻颜、益气生津的功效，常食能改善气色、延缓衰老。牡丹皮能够清热活血，调节心、肝、肾。玄参微寒，清火滋阴，适合肝火旺的女性食用。

常食红枣木耳药膳汤，对血热血燥、血脉不畅有一定疗效，能够缓解因心经积热造成的红血丝现象，同时滋养皮肤、改善气色。

材料

无核红枣10个，黑木耳5朵，玄参15克，牡丹皮5克，葱白、姜片、植物油、酱油、白糖、盐皆适量。

做法

1. 在热锅中倒入适量植物油，将葱白、姜片入锅炒香。
2. 在锅里加入约一碗半清水，大火煮沸。
3. 将玄参、牡丹皮、红枣和水发黑木耳倒入汤中，加入适量白糖、酱油调味，以文火煮20分钟即可。黑木耳、红枣可直接食用，汤汁应趁热服用。

抗敏感
为肌肤撑开"保护伞"

敏感皮肤全揭秘

有些女性的皮肤白皙细致,看起来非常完美,却很容易泛红、脱皮、刺痛,这种皮肤常被称为"敏感皮肤"。

但敏感皮肤并不是一个专业名词,而是对极易因外界刺激而引发自身不适的问题皮肤的统称,属于一种亚健康的皮肤类型。对敏感肤质的人来说,即便是外界环境轻微的变化,比如温度和湿度改变,也会令皮肤无法适应,造成伤害。

皮脂膜变薄是敏感皮肤的主要诱因

角质层位于皮肤的最外层,是皮肤的"保护伞"。而角质层之所以有保护皮肤的作用,关键在于它外层的皮脂膜。

皮脂膜又叫皮面脂膜,是皮脂腺分泌的皮脂、汗腺分泌的汗液和表皮细胞的分泌物混合形成的半透明乳化薄膜。健康的皮脂膜pH值维持在4.5~6.5之间,呈现弱酸性,能够杀灭细菌、保护皮肤。皮脂膜含有天然的保湿因子,它柔软而富有弹性,如同一道缓冲带,将外界的刺激和危害挡在角质层之外,有保护角质层、润泽皮肤的作用。

皮脂膜因受损而变薄时，角质层的保护作用减弱，皮肤抵抗力下降，变得异常敏感脆弱。皮脂膜有再生功能，轻度受损时，适当的保养和护理就能让它恢复健康。但是如果掉以轻心，任其恶化，皮脂膜便失去自我修复的功能，久而久之就会形成敏感皮肤。

敏感皮肤的主要特征

- 皮肤细致通透，乍看很好，仔细观察却可以看到不同程度的红血丝现象。
- 经常感到脸部干燥紧绷，皮肤有明显的缺水迹象。季节变化和天气寒冷时，皮肤反应较大，常常会瘙痒、刺痛，出现红疹、斑点等。
- 对护肤产品、化妆品的要求很高，使用一般产品会引发脸部充血、红肿、痒痛，产生脂肪粒。
- 皮肤的过敏原特别多，紫外线、尘埃、花粉、食物、水杨酸、果酸等，稍不注意就会令皮肤过敏。

悉心护理，击退敏感肌

温柔洗脸，摆脱不良清洁习惯

皮脂膜是一层很薄的膜，过高温度的洗脸水、碱性的洗面乳和肥皂、过多次数的脸部清洁，都会引起皮脂膜破损。皮脂膜这道防线崩溃后，会引起水分流失和细菌侵入，皮肤很容易变得脆弱不堪。

对敏感肌肤来说，日常洗脸只需以常温的清水反复冲洗脸部即可。清洁脸部后，用干净柔软的毛巾或面纸在脸部轻轻按压，吸干脸部多余水珠，防止蒸发时带走皮肤的水分。

虽然敏感皮肤的人一般出油较少、角质层代谢较慢，但并不意味着深层清洁可以省略。使用温和的深层清洁用品，根据个人情况，一到两周进行一次深层清洁，也是非常必要的。

定期去角质，切忌频繁、粗暴

任何肌肤都会因新陈代谢产生老旧的角质。为了保持皮肤

Point 薏仁糊巧去角质

薏仁粉质地非常细腻、触感柔滑，用来去角质不会伤害皮肤。薏仁中的维生素和氨基酸又能有效增强皮肤修复能力，是敏感肤质去角质的上选。

材料

薏仁粉20克、纯净水适量。

做法

在薏仁粉中加入纯净水，调匀成略稀的糊状。清洁后将薏仁糊涂抹在脸部，以指腹在脸上打圈按摩，力度要轻，不要大力拉扯皮肤。5分钟后洗去薏仁糊即可。

柔嫩的触感，提高皮肤吸收营养物质的能力，去角质是护肤的必要步骤。但是去角质会对位于角质层最外层的皮脂膜产生伤害，清理角质过于频繁，或使用有磨砂颗粒、含有果酸等刺激成分的去角质产品，会对皮脂膜造成严重伤害，加重肌肤敏感程度，严重时甚至会引发皮肤红肿。

所以，对敏感肤质的人来说，清理角质时，无论是产品选择还是护理手法都要以温和为前提。两周一次的去角质频率，对敏感肌肤来说已经足够。

自制双瓜保湿水

冬瓜汁中含有多种醇类、矿物质和维生素，有杀菌、美白的护肤功效。新鲜黄瓜中含有特殊的黄瓜酶，能促进皮肤新陈代谢，增加毛细血管弹性，抵抗衰老，提高皮肤抗敏感能力。甘油保湿效果非常好，能够锁住水分、平衡皮肤pH值。这款保湿水取自纯天然植物汁液，既可以当作保湿水，又可以当作活肤水，让皮肤在"洗澡"的同时，锁水保湿，舒适清爽。

材料
新鲜冬瓜200克、嫩黄瓜2根、甘油5克。

做法
将冬瓜和黄瓜洗净，去皮后切块榨汁。在滤取的汁液中加入甘油后直接洗脸，或以化妆棉浸湿后敷脸5分钟。

问题肌肤的特别护理

抗敏清洁法

高岭土温和清洁法

高岭土质地细腻，能有效吸附和清除脸部的灰尘、皮脂和脱落的角质，不会对皮肤造成任何刺激。洋甘菊精油抗敏、舒缓的效果深受皮肤科医生和美容专家的肯定，尤其是罗马洋甘菊安全系数更高，甚至连孕妇都可以使用。特别添加的甘油，在温和清洁脸部的同时，能够保湿补水，让皮肤感觉更加舒适。

材料

罗马洋甘菊精油2滴、高岭土20克、甘油5毫升、纯净水适量。

做法

将高岭土倒入碗中，滴入精油和甘油，然后加入纯净水，搅拌成糊状。避开眼周和唇周，均匀敷于脸部。10分钟后以温水洗净。

> **Note 罗马洋甘菊：** 洋甘菊分为两种：罗马洋甘菊和德国洋甘菊。两者都可舒缓心情，使人放松，对改善失眠很有帮助。洋甘菊精油非常温和，对镇定、修复敏感皮肤有很大帮助。特别是罗马洋甘菊，安全度更高，在精油商店可以买到。

补水补油，抵抗皮肤衰老

随着年龄增长，皮脂腺分泌的油分越来越少，皮脂膜自我修复速度越来越慢，厚度也越来越薄，抵抗外界刺激、保护皮肤的能力也逐渐减弱。皮肤的健康曲线往往随着年纪增长呈现下滑的趋势。对大多数人来说，年龄大了以后，皮肤会越来越敏感。

除了正常的抗衰保养之外，及时为皮肤补充水分和油分，形成一层"人工皮脂膜"，能够在皮脂膜自我修复之前，为皮肤筑起一道临时防线，帮助皮肤保持平衡柔润的状态。尤其是在干冷的秋冬季节，及时补水、补油能够增强皮肤对外界刺激的耐受力。

防治结合，呵护过敏皮肤

敏感肤质一旦形成，能够根治的可能性很小。有些人常常感觉已是非常小心，过敏还是会找上门，真是防不胜防。只有防治结合，悉心呵护，才能把对皮肤的伤害降低到最小，进一步改善皮肤状况，提高皮肤的抵抗力。

建议熟记自己皮肤的过敏原，尽量避免接触。

爱护皮肤，温柔对待皮肤，避免突然转换过冷、过热的环境，减少皮肤暴露在寒冷、酷热、紫外线强、风沙大环境中的时间。

脸部有明显过敏症状如红肿、灼热、痛痒时，可以用生理盐水浸透的化妆棉湿敷。生理盐水较为温和，渗透性高，消肿退红的效果很好，能够有效舒缓、镇定皮肤。

脸部敏感现象严重、不适感强烈时，应当尽早就医，遵照医生的嘱咐口服或外用药品进行治疗。

自制抗敏面膜，撑开皮肤"保护伞"

完美皮肤必须建立在健康的基础上。处于亚健康状态的敏感皮肤，很容易受到外界刺激的侵害，泛红、痛痒、长脂肪粒等过敏症状时有发生，常引发不适和尴尬。所以，敏感肤质的人在护理时需格外小心，必须温和地对待肌肤，避免与过敏原接触，加强抗敏、修复，不断提高皮肤的耐受力和抵抗力，早日摆脱"敏感"困扰。

自制抗敏面膜

薏仁美白抗敏面膜

薏仁富含蛋白质和B族维生素，能滋养润泽肌肤，提高皮肤的抵抗力。西瓜皮含水量很高，敷在脸上清凉补水，能够舒缓、镇定受损的皮肤。瓜皮汁液中的大量氨基酸，能够为敏感皮肤补充营养，促进受损细胞恢复。脸部有脱皮、发红、发热等轻微过敏症状时，可以尝试这款面膜，连敷3天，能有效改善过敏症状。

材料

西瓜皮200克、薏仁粉30克。

做法

西瓜皮削去绿色硬皮，取白肉部分榨汁。将过滤后的西瓜皮汁倒入薏仁粉中，搅拌成糊状，敷于脸部。15分钟后以温水洗净。

米汁抗敏防晒面膜

甘草中有多种美白护肤的成分，甘草酸氨可以抗炎舒缓，增加皮肤的抵抗力，甘草黄酮能够抵制酪氨酸酶活性、减缓黑色素生成速度，有效防晒。大米中的B族维生素含量丰富，用加热消毒后的泡米水敷脸能保湿补水、美白皮肤。这款面膜非常温和，即使是敏感皮肤也可以经常使用。每周使用1~2次，不仅能防止紫外线侵害，还可帮助皮肤排毒抗敏、润泽补水。

材料

优质大米50克、甘草粉20克、纯净水200毫升。

做法

1. 洗米3次，除去米中的杂质后，浸泡在纯净水中2小时。
2. 滤去米粒，只取泡米水，放在容器中加热煮沸，冷却待用。
3. 在甘草粉中加入适量冷却的泡米水，充分搅拌成糊状，敷于脸部，15分钟后洗净。

自制修复面膜

萝卜马铃薯修复面膜

胡萝卜和马铃薯的维生素A和B族维生素含量都很高。维生素A能够提高皮肤表层的锁水能力,缓解敏感皮肤的干燥问题。B族维生素能够促进角质的正常代谢,修复受损的皮脂膜,加快敏感皮肤的康复速度。这款面膜效果全面,能抗敏、保湿、滋润,敏感皮肤的人每周1次持续使用,能够提高皮肤抵抗力,减少过敏次数。

材料
马铃薯200克、胡萝卜1根。

做法
1. 马铃薯洗净后去皮切块,蒸熟后捣成泥状。
2. 胡萝卜榨汁,将过滤后的胡萝卜汁倒入马铃薯泥中,充分调匀。
3. 洗脸后以温热的毛巾敷脸2分钟,然后将面膜均匀涂抹在脸上,10分钟后洗净即可。

问题肌肤的特别护理

局部护理,
全方位呵护肌肤

很多人把肌肤护理的重点放在脸部,
却忽略了对其他部位肌肤的照顾。
这种偏心往往会导致白脸黑脖、"熊猫"臂、脱皮腿、皱脚跟、
痘痘背等诸多问题,一不小心就陷入尴尬境地。
本章将为大家准备一份护肤的完全版手册——
沿着每一寸裸露的肌肤去护理

再现电眼魅力

一双明亮、水灵的眼睛能够折射出年轻、有朝气的精神状态，给人留下完美、深刻的印象。拥有一双动人的眼睛，就打开了一扇通向美的窗户，也是每个女性追求的梦想。

眼部皮肤的皮脂腺和汗腺都很少，因此特别纤薄和脆弱，极易出现干燥缺水的问题。它是脸部乃至全身最容易出现皮肤问题的地方，如不加以温柔细微的护理，黑眼圈、脂肪粒、大眼袋、鱼尾纹都可能找上门，让这扇"美丽之窗"蒙上尘埃。

黑眼圈不再来

黑眼圈就是眼睛四周皮肤暗沉、颜色发黑的现象，也就是常说的"熊猫眼"。根据其成因，黑眼圈可以分为3类：

* **代谢型黑眼圈**

精神压力大、有熬夜的习惯，或天生微血管循环差，都会造成眼周皮肤的血液循环不畅，使眼周呈现青黑色，这是最常见的黑眼圈类型。

* **松弛型黑眼圈**

眼周皮肤产生松弛和细纹时，会叠加在一起形成阴影，使眼周暗沉发黑，形成松弛型黑眼圈，它属于皮肤衰老产生的问题。

*色素型黑眼圈

不注重眼部防晒、不及时卸除眼妆，都会导致黑色素在眼周皮肤上沉积，使皮肤呈现浓茶色。色素型黑眼圈是后天形成的黑眼圈中最不易去除的一类，应当以预防为主。

动动手赶走黑眼圈

*花粉蜂王浆眼膜

入睡前，将花粉和蜂王浆按1∶1的比例混合成糊状，涂在黑眼圈上敷半小时后洗去。蜂王浆中含有多种蛋白质、氨基

Point 莲藕荸荠敷眼法

莲藕和荸荠中含有丰富的蛋白质和铁，能够促进眼部皮肤的代谢和更新能力，同时活血散瘀，防止黑眼圈生成。由于莲藕和荸荠都可以生食，榨取的汁也可以饮用，所以能达到内服外用、双管齐下的效果。

新鲜莲藕50克、荸荠50克。

做法

莲藕和荸荠洗净、去皮，切成丁后放入食物料理机中打碎，将果汁与渣分离。晚上睡觉前将果渣敷在眼部10分钟即可。

酸、维生素，是难得的天然美容剂，能够延缓皮肤衰老、防止色素沉积、抗菌、防辐射，还有促进新陈代谢的作用。花粉细腻柔滑，主要有增加眼膜黏稠度的辅助效果，因此对其种类没有特别要求，价格便宜的油菜花粉就可以。

花粉蜂王浆眼膜对3种类型的黑眼圈都有很好的疗效。这款眼膜比较温和，需要持续使用，连续10天，能有效淡化黑眼圈。制作眼膜前，需先取豆粒大小的混合物涂抹在耳后，进行过敏测试。

黑眼圈的饮食防治法

多喝红枣水。将3～4个红枣捣烂后，放到1升开水里，焖在保温瓶中，一天之内喝完。红枣益气活血，每天趁热饮用红枣水，能够温暖身体，加速血气运行，防止血液淤积，减少黑眼圈发生的可能性。

多吃维生素A、维生素E含量高的食物。这两种维生素能够滋养眼部肌肤，缓解视觉疲劳，预防松弛型黑眼圈。蛋类、木瓜、芒果、大白菜等能为人体提供充足的维生素A，而坚果中则含有丰富的维生素E。

及时补充铁元素。铁是构成血红蛋白的重要元素，缺铁会导致红细胞供氧能力下降，形成代谢型黑眼圈。平日应多吃黑木耳、海带、桂圆等含铁量高的食物，增加红细胞中的血红蛋白含量。

去黑眼圈眼睛保健操

每天做做眼睛保健操，正确按摩眼部穴位，既能缓解视觉疲劳，又能加快眼周皮肤的血液循环，可以有效预防和淡化恼人的黑眼圈。

❶ 点攒竹穴

攒竹穴位于眉毛前端眉头处。将中指顺着鼻翼放置，闭眼后，以指尖轻轻点压攒竹穴，每秒3下，连点10秒。

❷ 按睛明穴

睛明穴位于内眼角稍上的凹陷处。点攒竹穴后，以中指指尖找到睛明穴的位置，按住穴位约5秒后松开，连续3次。

❸ 揉四白穴

四白穴位于眼睛瞳孔正下方约两指宽的位置。闭眼后以中指点按住四白穴，轻轻打圈按揉，连续10次。

❹ 压瞳子髎

瞳子髎位于外眼角向外约1厘米处。以中指按住穴位，配合吐气的动作，5秒后松开，重复3次。

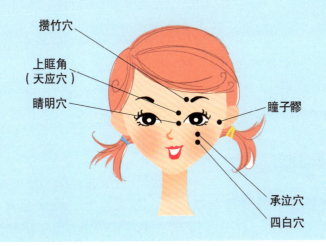

局部护理，全方位呵护肌肤

打败眼部脂肪粒

通常人们把眼睛周围冒出来小米粒大小的白色小疙瘩，统称为"脂肪粒"，但是这只是一种通俗、笼统的叫法。脂肪粒的学名叫"粟丘疹"，多发生在青春期，呈针头大小的白色或乳白色，分布在眼周。

为什么会长脂肪粒？

有很多说法认为，使用过于滋润的眼部护理产品，或眼部皮肤角质化导致毛孔堵塞，是形成脂肪粒的主要原因。这种说法是没有科学根据的。

事实上，脂肪粒的出现是皮肤自我修复的结果。经常化眼妆但不注意卸妆和深层清洁，在眼周使用了含有刺激性成分的护肤产品或去角质产品，都会使眼部脆弱的皮肤受到伤害。皮肤切片的病理已经证明，皮肤出现微小伤口时，会启动自我修复，在表层产生囊肿，这些白色的良性肿块就是粟丘疹。

所以，脂肪粒产生的根本原因是眼部皮肤受损。敏感皮肤比普通肤质更容易受到脂肪粒的困扰，也正是因为前者更易受刺激而导致损伤。但是，在眼周使用过于滋润的护肤产品或眼部皮肤角质化导致毛孔堵塞，会加重脂肪粒产生。

如何预防脂肪粒？

1.对眼部肌肤进行护理时应当轻柔温和，防止对皮肤造成伤害。

2. 有化妆习惯的女性朋友要及时卸妆,加强眼部的清洁,保持眼部皮肤干净、清爽、无负担。

3. 避免在眼部使用油分含量高、过于滋润的护肤产品,尤其不能把面霜用在眼周。

4. 多做眼睛保健操,加强眼周皮肤的循环和代谢,以提高皮肤的抵抗能力和吸收能力。

如何对付脂肪粒?

一般来说,脂肪粒只会影响脸部美观,不会影响到健康,它在成熟之后会自然干瘪、脱落。情况不严重时,不需要特别治疗。

由于眼部皮肤非常娇嫩,一旦破损留下疤痕就很难去除。所以,不建议使用针挑的方式将脂肪粒挑破。要加速脂肪粒的成熟、脱落速度,可以将维生素E胶囊挤破,以棉签将维生素E涂在脂肪粒上。维生素E能溶解毛孔中的油脂,疏通毛孔,促进囊肿尽快消除。这个方法安全温和,但视个人肤质不同,效果也不尽相同,每天使用,一般2周左右脂肪粒就会干瘪剥落。

告别浮肿大眼袋

下眼睑的囊袋状浮肿被称为眼袋,也就是俗称的"下眼皮浮肿"。眼袋使人看起来老态龙钟，严重影响美观，是令人苦恼的眼部问题。眼袋的成因可以分为两种：

*代谢异常、体液堆积

眼部皮肤会伴随眼睛的眨动不停张弛、运动，所以皮下组织很容易松弛，皮肤代谢不畅时，体液就会堆积在下眼睑，形成水肿型眼袋。肾脏功能不好、过度用眼、皮肤老化、妊娠期甚至遗传因素，都可能造成眼睑部位代谢异常、体液堆积，从而形成眼袋。

*脂肪堆积

随着年龄增长，皮肤新陈代谢的速度变慢，保护眼球的脂肪逐渐淤积下垂。由于皮肤中的胶原蛋白和弹性纤维不断流失，皮肤的弹性变差，淤积的脂肪将下眼睑撑得膨大、下垂，形成囊袋状突起。

水肿型眼袋可以通过平时的护理有效地防止、减轻，而脂肪型眼袋则和年龄、皮肤的衰老程度有关，应当以预防为主。平时所说的眼袋问题，多是指水肿型眼袋。

预防浮肿眼袋

1. 养成规律的作息，保持充足的睡眠。足够的睡眠能够改善眼部皮肤的血液循环，使眼睑的皮肤保持弹性和张力，防止下眼睑水肿，延缓眼袋出现。
2. 爱护眼周肌肤，避免以粗糙的毛巾擦揉眼部。做眼部护理时，动作要轻柔，以免眼部皮肤受到伤害。

3. 日光强烈时,在户外一定要戴上墨镜,防止眼周皮肤过早老化。

4. 防止体重骤升骤降,以免影响到皮肤弹性。

5. 晚餐不要过咸、睡前半小时内不要饮水,能够防止第二天清晨出现眼袋问题。

6. 多吃黑木耳、银耳、花生等胶原蛋白含量丰富的食物,以增加皮肤的活力和弹性。

7. 常以菊花、枸杞泡茶喝,菊花枸杞能清肝明目、解毒,预防下眼睑水肿。

三招快速击退眼袋

✻ 黑咖啡排水肿

起床后喝一杯黑咖啡,可以帮助消退因睡前喝水过多造成的水肿型眼袋。

✻ 冷敷消肿法

泡好的绿茶冷却后放入冰箱冷冻10分钟。将化妆棉在冰绿茶中浸透,然后敷在下眼睑位置3分钟左右。冷敷法可以促进眼周皮肤血管收缩,帮助水肿消退。冰绿茶也可以用冰鲜奶代替,在夏季使用更为舒适有效。

✻ 维生素E按摩法

每晚入睡前,从维生素E胶囊中挤出维生素E油,涂抹在下眼睑的位置,然后以无名指从内眼角向外眼角轻轻按压。维生素E能够滋养眼部皮肤,提高皮肤弹性,延缓衰老。持续1个月以上，能有效减轻浮肿眼袋，对预防脂肪型眼袋也有良好的作用。

淡化眼角鱼尾纹

鱼尾纹是人的外眼角和鬓角之间的皱纹，因与鱼尾纹路相似而得名。

鱼尾纹的形成原因主要是眼周皮肤中的胶原纤维和弹力纤维变得脆弱甚至不断减少，以致无法支撑皮肤使之饱满。皮肤弹性一旦随之变差，便极易在眨眼时受到拉扯、挤压，因而出现细纹。

皮肤干燥、日晒过多、表情夸张、长期吸烟等，都有可能加速皮肤纤维组织的弹性减退，从而导致眼部皱纹的产生。

驱逐鱼尾纹全攻略
＊食疗法淡化鱼尾纹
1.啤酒

啤酒由大麦芽酿成，其特点是酒精含量较低、蛋白质和B族维生素含量高，对延缓皮肤衰老、抗氧化都有一定的好处。每天中午饮用100毫升左右，能够有效促进皮肤血液循坏，持续半

年以上，对眼角皱纹有很好的改善作用。

2.番茄炒蛋

番茄中的胡萝卜素和维生素C含量很高，鸡蛋则富含维生素A和蛋白质。番茄炒蛋这道菜不但酸甜可口，更有助于防止皮肤衰老、维持皮肤弹性，常食有抗皱、淡化鱼尾纹的功效。

加强肌肉运动法

1.嚼口香糖法

每天适度咀嚼口香糖不但对牙齿有益，还能有效减少脸部鱼尾纹。咀嚼使皮肤保持一定的运动量，能锻炼脸部肌肉，加快血液循环，为细胞的新陈代谢提供足够的能量。咀嚼能够延缓皮肤衰老速度，预防、淡化鱼尾纹，但每天咀嚼时间不宜超过20分钟。

2.眼球运动法

- 睁大眼睛，眼球向上、下、左、右4个方向各凝视5秒钟。
- 睁开眼睛，眼球按顺时针、逆时针方向分别缓慢、匀速转动10圈。
- 搓热掌心，闭上眼睛后，将温热的掌心覆盖于眼皮上方，温暖放松眼球。
- 轻轻睁开双眼，挑起眉毛，保持此动作5秒钟。

眼皮上负责闭眼的眼轮匝肌会通过持续收缩，牵动周边皮肤。眼球运动可以有效放松眼轮匝肌，防止眼轮匝肌因过分紧张、疲劳引发鱼尾纹。

＊栗子浆去鱼尾纹

将新鲜栗子仁捣碎，取栗子浆，晚上入睡前将其涂在眼角鱼尾纹处，第二天早晨洗去即可。栗子中蛋白质和维生素含量很高，特别是B族维生素、维生素C和维生素E，对抗衰老、去皱纹有很好的效果。栗子浆干了之后的轻微紧绷感也可以帮助延展皮肤，抚平鱼尾纹。

＊丝瓜抗皱眼膜

将新鲜的嫩丝瓜削去皮后切成薄片，将薄片直接贴在眼角。丝瓜中水分含量很高，能够缓解眼角干燥，滋润皮肤。丝瓜汁液富含多种维生素，因去皱效果好被称为"美人水"，以丝瓜片敷眼角可以有效防止鱼尾纹产生。

眼部是全身肌肤中最娇嫩的地方。要拥有一双充满魅力的电眼，平时就应该内外兼修，注意休息、保养眼睛，加强眼周肌肤的护理。一旦出现黑眼圈、脂肪粒、大眼袋、鱼尾纹等，千万不能心急，假以时日，对眼睛这扇"美丽之窗"加以温柔呵护，双眸一定会重新闪烁魅力四射的光芒。

做个"唇情美人"

柔软、水嫩、红润的双唇决定了嘴唇是面容上最具性感魅力的部位。但唇部皮肤非常单薄,只有普通皮肤厚度的1/3。而且唇上也没有汗腺、唾液腺,只能靠毛细血管和稀少的皮脂腺来保持唇部的水润。要拥有一双柔润、光泽的樱唇,做个风情万种的"唇情美人",自然更需要细致入微的悉心护理。

损伤美唇的生活习惯

抽烟成瘾

抽烟除了危害身体健康之外,还会在"呼"和"吸"的过程中,频繁收缩唇周及两颊皮肤,加快唇周皮肤衰老与松弛。同时抽烟会大量消耗人体吸收的维生素C,导致自由基的产生加快,自由基增多会引发皮肤衰老和黑色素沉积,唇纹容易加深、唇色也会暗淡。

舔嘴唇

唾液能带给嘴唇短暂的湿润感,但是唾液中的水分蒸发却会带走嘴唇皮肤中更多的水分。所以,舔嘴唇只会让你越舔越干。

餐后不擦嘴

喝水、进餐以后，嘴唇上可能会残留水分和食物残渣，若不及时擦去，水分蒸发会造成唇部皮肤失水；而食物残渣附着在干裂的嘴唇上，还有可能对破损的皮肤产生刺激，甚至引发细菌感染。

撕扯干皮

嘴唇干裂时会有些死皮上翘，随意撕扯很可能会扯破皮肤，造成流血，如果被细菌感染，还有可能引发口角炎。

经常涂口红

口红中往往含有色素、石蜡等化学成分，长期使用，会对唇部皮肤造成伤害。同时，频繁卸妆会对嘴唇造成过多的摩擦，使唇部皮肤粗糙、唇纹愈加明显。

唇色反映身体问题

人的唇色有浓有淡，天生会有一定差异，但健康的嘴唇无一例外都是呈现红润、明亮的色泽。唇色是身体状况的反映，唇色异常代表健康亮起红灯，需要予以重视。

唇色暗沉

唇色变深，呈现深红色或紫红色，往往会伴随着牙痛、便秘、口臭等症状，这说明身体内火过旺。应当少吃辛辣刺激的食物，如辣椒、咖喱、酒等，尽量不要进食有滋补功能的食物，如人参、桂圆、红枣、阿胶等。

嘴唇发白

嘴唇苍白常常是体内元气不足、气血两虚的征兆，所以嘴唇发白的人常常会感到精神不好、四肢无力。如果还伴随时常头晕，则有可能是贫血引发，应当及时就医。

嘴唇发白的人平常要注意加强营养，不节食、不挑食，多吃蛋白质含量高的食物，如鸡蛋、鲜奶、豆制品等。有贫血的

增液汤

增液汤因其清火润燥、倍添津液而得名。玄参滋肾阴、清肺火，在整剂药中发挥着核心作用。麦冬甘寒清润、善清心肺之热。生地则清热养阴、抑制心火，与玄参共同组成增液汤，能够有效清火润燥，缓解因内火过大引起的身体不适。

材料
玄参30克，连心麦冬、细生地各25克，清水适量。

做法
将所有材料放入容器中，加1升水煎煮，待水剩一小半时关火。滤去药渣，服药汁。

人应当多吃红皮花生、红枣、桂圆等补血食物。此外还要多休息、少熬夜，以保留精力、蓄养元气。

双唇青黑

只有血流不畅时，皮肤才会呈现青黑色。唇色青黑一般会伴随着脸色暗沉、睡眠不好、抑郁胸闷、畏寒怕冷等。它反映了代谢的问题，身体存在着血瘀气滞、运行不畅的不良状况。

为双唇增加红润的血色，最有效的方法是适量增加运动量，以改善身体的血液循环。每天慢跑半小时是不错的选择。此外，醋能够促进身体代谢，活血化瘀，消除疲劳，对加强代谢、改善心情都很有好处。每天可以喝1～2匙纯粮酿造的陈醋，持续半个月，唇部青黑能得到有效淡化。

唇周发暗

唇周一圈的皮肤发青、发黑，是体内湿气较大的表征。中医认为，湿邪入侵，最容易伤害脾胃和肾。如果同时有食欲不佳、消化不良、小便频多的困扰，说明湿气入侵已造成脾胃和肾脏亏虚。

应对这种问题，要尽量避免进食甜腻、生冷、不易消化的食物，它们会加重体内的湿气、增加脾胃的负担。每餐进食后，可以进行适量、轻度的运动，如站立、散步等，以促进消化；立刻卧倒或入睡会使消化迟缓，使湿气滞留在体内。

而改善唇周暗沉最有效、最方便的方法，莫过于睡前以热水泡脚。古话说："足是人之底，一夜一次洗。"脾胃、肾脏的经脉皆源于足底，每天持续以热水泡脚能够排毒去湿，滋养脾胃和肾脏，有效改善唇周肌肤发黑的状况。

问题双唇"大扫除"

告别干裂脱皮的双唇

进入秋冬季节时，双唇常常感到干燥缺水。有人希望通过喝水为双唇补水，但却会适得其反，越喝越干。这是因为喝水时沾在双唇上的水珠，在蒸发时会带走唇部皮肤里的水分。所以，喝完水后应及时以纸巾擦干唇上残留的水珠。

当嘴唇感到干燥、紧绷时，正确的做法应当是为双唇涂上一层薄薄的凡士林，既能滋润皮肤、缓解不适，又能减缓唇部肌肤的水分蒸发。如果身边没有凡士林，蜂蜜、芝麻油、鲜奶油也有同样的作用。

远离"烂嘴角"困扰

尽管很多人关注嘴唇的养护，但唇边的口角部位却常常被人忽视。寒冷干燥的天气里，口角周边的皮肤很容易干燥、皲裂，严重者还会出现发炎、起水疱、出血，成为令人尴尬的"烂嘴角"。

口角开裂的直接原因是双唇及口角部位的皮肤严重干燥，导致皮肤干裂，细菌侵入后引发感染，使皮肤在短时间内难以

四步解救严重脱皮双唇

1 毛巾热敷

以热毛巾敷在嘴唇上约5分钟，湿润、软化唇部翘起的干皮。

2 凡士林唇膜

像做面膜一样，在嘴唇上涂上厚厚一层凡士林，然后在唇部贴上一层保鲜膜。20分钟后，用面纸将凡士林擦去。

3 牙刷去角质

经过前两步，干裂的嘴唇已经得到了滋润和修护，翘起的干皮、死皮也已经被充分软化。再以干净柔软的牙刷在嘴唇上来回刷动，就可以帮助嘴唇及时去除死皮，促进新皮再生。

4 唇部保湿

双唇经过热敷、滋润、去角质，已经恢复了湿润饱满，但要将这种状况保持下去，还要做好保湿工作。将死皮擦去后，以温水清洗双唇，然后擦干。最后在双唇上涂上一层薄薄的凡士林或蜂蜜、橄榄油，都能阻止嘴唇水分蒸发，达到保湿的效果。

修复。

防治"烂嘴角"应当从以下几个方面做起：

- 身体缺乏B族维生素会导致口角开裂频繁。应当多吃一些糙米、鲜奶、豆制品、绿叶蔬菜等食品。
- 加强唇部保湿和清洁工作。特别是吃完东西之后，要及时清洁唇部，防止有食物残渣残留在唇上，引发水分流失和细菌滋生。
- 口角出现干裂、破损时，先用温水清洗，以纸巾擦干后，在伤口上抹上金霉素等有消炎抗菌功能的软膏。
- 嘴角伤口结痂时，应当注意小心保护，让其自行脱落。千万不可撕扯痂块，同时避免大力说话拉扯到嘴角，以免引发流血和感染。

淡化唇纹、紧致唇周

皱纹会让人显得衰老，唇纹也不例外，它是唇部皮肤的皱纹、褶皱，往往因双唇皮肤的老化而出现。除了有些人先天遗传唇纹较深，很难淡化、消除外，大部分唇纹都是可以通过加

Point 金霉素

金霉素为四环素类抗生素，主要用于治疗眼病，同时对治疗、预防人体小面积的细菌感染有很好的疗效，一般药店即可买到。

强护理来有效预防、淡化的。

＊加强保湿补水

唇部皮肤严重缺水，会使双唇干裂，加深纹路。要预防、淡化唇纹，干燥的季节一定要增加喝水的量并多吃水果，以保证身体内有足够的水分。当唇部感觉紧绷时，及时涂上蜂蜜、橄榄油，能避免因缺水产生唇纹。

＊增加双唇弹性

皮肤老化，失去弹性时，皱纹自然会找上门来，双唇也一样。因此，要注意补充胶原蛋白，多吃银耳、海带、黑木耳等富含胶原蛋白的食物。平时也可以多活动双唇，反复、夸张地大声念"啊、呜、咿、唉、喔"，可以充分活动唇周肌肤，加速皮肤代谢，让双唇更加饱满，远离唇纹困扰。

红润丰盈的双唇是拥有美丽微笑、动人表情的前提，也是打造完美容颜不可缺少的条件。保护娇嫩的双唇，补水保湿、预防干燥是最基础、最有效的工作，抵抗衰老、增加双唇皮肤弹性，则是进一步呵护丰满双唇的必修课，而要双唇保持红润的气色，内在的调养和外部的护理一样必不可少。只要做到以上几点，双唇自然靓丽动人，为娇美的容颜锦上添花。

淡化唇纹紧致唇周按摩

① 兑端穴

兑端穴位于人中最下端与嘴唇皮肤的交接处。以指尖点压兑端穴后轻轻画圈按揉，可以刺激唇部周边皮肤的运动，令双唇紧致平滑，唇纹淡化。

② 承浆穴

承浆穴在嘴唇正下方约0.5厘米的凹陷处。点按承浆穴能够生津敛液、促进血液循环。弯曲食指，以第二、三指节的关节处抵住承浆穴，轻绕小圈进行按摩，能够有效促进唇周皮肤和双唇血液循环，在淡化唇纹的同时，为双唇增添红润血色。

③ 地仓穴

地仓穴的位置位于嘴角两侧、左右瞳孔的正下方。以双手食指画圈状按摩地仓穴，能够有效刺激唇周肌肉，使肌肉恢复弹性，有提拉嘴角、丰润双唇的功效。

兑端穴　承浆穴　地仓穴

手、足、腿总动员

呵护你的"第二张脸"——纤纤玉手

古人说"手如柔荑,肤如凝脂",评价美女时把手放在第一位,可见手部的重要性。一双纤细、嫩滑、柔软、修长的手,在待人接物时,往往给人留下深刻而美好的印象。因此,手是"第二张脸",是美丽大计中必不可少的部分。

向倒刺说"不"

* 倒刺出现的原因

春秋季节,手指甲两侧和下方常会出现翘起的小片表皮,这就是俗称的"倒刺"。一般皮肤过于干燥,或是平时没有爱护好手部,与其他物体摩擦过多,往往导致倒刺的出现。如果一年四季倒刺不断,那就不仅仅是保养做得不到位,而是手部皮肤在告急。当皮肤缺少维生素B、维生素C、维生素E、微量元素锌时,倒刺才会频繁露面。

* 倒刺来了怎么办

倒刺根部和皮肤相连,千万不要用手去撕,疼痛出血是小事,发炎感染才是大麻烦。小心以热水浸泡手指,在倒刺被软化后,用指甲钳剪掉,然后抹上一点凡士林,或将维生素E胶囊剪开涂上，很快就会愈合。

＊彻底消灭倒刺

1. 保持环境湿润，在冷气房时最好打开加湿器。
2. 均衡饮食，为皮肤提供全面的营养。猕猴桃、柳橙、柠檬等水果富含维生素C；糙米饭、全麦面包、杂粮能提供足量的维生素B；坚果、豆类中维生素E丰富；海带锌含量高。这些食物都能为消灭倒刺立大功。
3. 做粗重活时，戴手套保护，之后要注意清洁、护理双手。

再见，胡萝卜手

阴冷潮湿的冬天，手部受冻后，血管受阻，组织缺氧，有时会长出充血性水肿红斑，还伴随着又热又痒的感觉，后期皮肤还会出现糜烂、溃疡，这就是冻疮。严重的冻疮会让指头红肿得像胡萝卜，让爱美的女性如临大敌。

当手部已经有硬硬的肿块，但未出现破损时，用干辣椒煮水涂抹肿块，能够促进血液循环，舒缓冻疮。如果已经出现了溃烂，清理伤口后撒上云南白药药粉，能够促使其早日愈合。

冻疮难以根除，所以更应当注意预防：

1. 加强室外运动，长时间待在温暖的室内会降低皮肤对寒冷的适应力。
2. 一年四季都要培养冷水洗手的习惯，提高手部皮肤耐寒能力。
3. 外出不要忽视保暖，一副温暖的手套更是必需品。

4.没事时搓搓双手,加强手部血液循环。

健康指甲保养法则

1. 洗手时避免使用碱性过强的肥皂,碱性皂液会使指甲失水,导致指甲干裂、易断。

2. 在杏仁油或橄榄油中加入少许盐,涂抹在指甲和指甲边缘的皮肤上,盐能去除厚硬的角质,而油性物质有助于滋润皮肤和指甲。

3. 改掉撕咬指甲和手皮的不良习惯。经常揉搓和按摩指甲底端,能够促进指甲的血液供应,促进其生长。

4. 按时修剪指甲,但不要过度修剪指甲两侧,细菌在甲旁皮肤的破损处滋生繁殖,就会引起甲沟炎。

5. 缺少维生素A、维生素C和钙会使指甲易折,平时多补充复合维生素,多吃豆制品、坚果、海带、绿色花椰菜、卷心菜。

6. 爱惜指甲,过度摩擦会使指甲变薄、折断,如以指甲刮揭纸张、拨电话等。

7. 尽量减少美甲次数,自然健康的指甲才是双手最好的装饰。很多指甲油中含有苯和苯的衍生物,会使指甲软化,易断折、破裂,有害物质被人体吸收后还会影响中枢神经系统,甚至引发白血病和癌变。

完美双手大补救

尽管平时对手部的呵护无微不至,但是干燥的季节、琐碎的家务、户外的日晒总是难以避免。当手部遭遇问题,需要一些补救的小秘方,帮助双手回归完美。

*干燥"沙漠手"

手部皮肤比其他部位都要薄,而且皮脂腺很少。在干燥的季节和环境中,不注意保养,双手会像撒哈拉沙漠一样干旱,以粗糙和干裂向主人告急。拯救"沙漠手",势在必行。

1. 睡觉前以热水浸泡手部,清洗后擦干。
2. 取适量橄榄油在微波炉里微微加热,均匀涂抹在双手上,包上保鲜膜或抛弃式医疗用手套,再将热毛巾包裹在外面敷5分钟。
3. 轻轻按摩双手后,不要擦掉橄榄油,直接戴着棉质手套上床睡觉,第二天双手即可恢复滋润嫩滑。

*粗糙"主妇手"

做家务时双手免不了和灰尘、水打交道,也会接触到各种碱性化学制剂。频繁的洗手和劳作,往往会破坏双手皮肤表面的油脂层,引起干燥、粗糙,同时手部往往颜色发暗,不够白皙。

● 手部除碱

取半个柠檬,打碎或榨汁后,放入温水中,双手在其中充分浸泡,可有效去除碱性物质,同时美白双手。如果没有鲜榨的柠檬汁,取1匙米醋在一盆水中稀释,也可以有同样的功效。

- **粗手变嫩**

将左右手的手背相互摩擦揉搓,直到明显感到发热后,以温水清洗手指和指甲上的污垢。然后双手在温热的盐水中浸泡10分钟,擦干后抹上几滴橄榄油。

- **还原好肤色**

晚上睡觉前,将鲜柠檬汁和3倍量的甘油混合,均匀涂抹在手上充分按摩。当双手感觉到温暖、微微发热时,在冷热水中交替浸泡5分钟后擦干双手。柠檬有美白的作用,甘油有助保湿,冷热水交替洗手能够加强手部血液循环,这种方法能有效拯救暗沉发红的手部皮肤。

* **日晒小黑手**

双手天天在外"风餐露宿",夏天更是"沐浴"在紫外线之中,为了避免成为小黑手,手部的晒后美白功课也要做足。

- **银耳敷手液**

将泡发的银耳放入水中,小火慢炖至银耳汁浓稠,过滤取银耳汁,冰镇后用来敷手,既可以舒缓、修复久晒后的双手,又可以美白补水,告别黝黑、粗糙。

- **马铃薯美白手膜**

将马铃薯蒸熟后做成马铃薯泥,加入适量鲜奶,或将维生素E胶囊剪开后滴入,搅匀后抹在双手上。马铃薯中的维生素C和微量元素锌含量很高,而鲜奶和维生素E有美白的功效,能够充分润泽和美白皮肤。

爱手就要动动手

保养双手,可不能只注重"表面"功夫,内在也要多用心。动动手,做做手指保健操,有效预防常出现的"鼠标手""键盘手""短信手",让手指更灵活、更纤细。

* **桌面钢琴操**

双手在桌面上模拟弹钢琴的动作,从大拇指到小拇指依次弹起,每天重复多次,锻炼手部的控制能力和灵活性。

* **空中打字操**

看电视或是听音乐时,双手悬空,模仿打字的动作,指尖前后左右屈张,活动手指关节,有效加速手部血液循环。

* **按摩美手法**

以右手拇指和食指依次捏住左手手指,沿着指根到指尖揉捏,再从根部轻轻牵拉。然后换另一只手重复。按摩手指能够让疲惫酸痛的手得到放松,同时增强关节的灵活性。

美丽始于"足"下

一双白净的玉足,虽然不足以令人成为第一眼美女,却反映了爱美之人对细节的追求与考究。和脸部相比,脚部的皮肤没有那么敏感,保养起来相对简单,只要做"足"功夫,一双美足自然随之而来。

脚部问题"大扫除"

* 异味

足部有异味实在是很尴尬的事。我们的双脚有超过25万个汗腺，汗液是细菌的滋生地，鞋袜透气性不好，或长时间不更换鞋袜，都会加速细菌滋生，加重足部异味。

加强清洁可以从根源上去除脚臭，洗脚水中加入食盐、醋或茶叶，都能够杀菌。洗完脚要及时擦干脚趾间的水分。将土霉素药片研成粉末撒在脚趾间，能够控制脚汗，减少细菌滋生。选择纯棉质地的五趾袜，能够吸收趾间的脚汗，减轻足部异味带来的尴尬。

* 脚气

脚气是真菌感染引发的疾病，往往伴随着水疱、脱皮、皲裂等症状，不仅会影响足部美观，还会瘙痒难忍。真菌喜欢潮湿封闭的环境，且极易传染，所以，去泳池、浴室等公共场所应当自备拖鞋。

佛手柑精油、茶树精油都能杀菌，在洗脚水中加入几滴，

Point 土霉素

土霉素为淡黄色药片或糖衣片，属于四环素类，大部分药店均可买到。

> **Point 清凉油除鸡眼**
>
> - 以磨脚石轻轻磨去鸡眼顶层的硬角质。
> - 在长鸡眼的部位抹上清凉油，以点燃的蜡烛靠近烘烤，在热力挥发下让清凉油完全渗入伤口。
> - 每晚一次，持续一周，鸡眼会自然脱落。

能够为双足消毒杀菌。脚爱出汗的人可在脚趾间撒上一些爽身粉，时刻保持足部干燥。

＊鸡眼

　　双脚在行走中发生摩擦和挤压，会引起角质层增厚，而鸡眼就是常出现在足底和脚趾间的圆锥状角质增生物。长了鸡眼会产生压痛的感觉，双脚不能灵活自如地运动。鸡眼出现的原因多是鞋子过小，足部摩擦过大，高跟鞋往往是罪魁祸首。选择干净、宽松的鞋袜，是预防鸡眼的最好办法。

日常护脚三部曲

＊天天泡脚做清洁

　　热水泡脚可以改善局部血液循环，促进代谢。每天泡脚能缓解疲劳，同时有效软化角质层。泡脚的最佳水温在45℃左右，时间以微微出汗为宜。在洗脚水中加入5～10克小苏打，能够彻底清洁足部。

Point 清凉油

清凉油是由薄荷、樟脑、丁香、桂皮等药材制成的软膏,具有清凉散热、醒脑提神、止痒止痛的功能,可用于感冒头痛、中暑、晕车、蚊虫螫咬等。药店和便利店均可以买到。

✱ 去除角质,细嫩双足

足部支撑着全身的重量,行走时摩擦较大,角质层会不断增厚来保护肌肤,因此脚后跟常常覆盖着厚厚的角质。死皮和老化角质不及时去除,脚后跟便容易厚化、皲裂。去除角质是美足必修课之一。

✱ 每周1次集中护理

脚部皮肤比其他部位的皮肤粗糙,但只要持续每周做1次集中护理,及时为脚部皮肤提供营养和水分,一定能打败干燥、皲裂,回归婴儿般的细嫩双足。

• **蛋黄鲜奶滋润足膜**

鸡蛋敲开去蛋白,取蛋黄留用。将橄榄油和蜂蜜各1茶匙与蛋黄一起搅拌后,倒入适量纯鲜奶调和,如果太稀可加入面粉增加黏稠度,厚厚地涂抹在双脚特别是足跟处,以毛巾热

日常护脚秘方

① 果醋泡脚软化角质

在足浴盆中倒入热水,加入果醋100毫升(以苹果醋为佳),再滴入2滴薰衣草精油。将足部浸泡20分钟,可逐渐软化已经硬化的角质。

② 咖啡豆巧妙去角质

将超市和便利店中常见的竹盐与等量的橄榄油混合,加入适量磨碎的咖啡豆,搅拌成糊状后抹于足部。以打圈的手法按摩,然后以磨脚石或去角质刷辅助擦除死皮,最后用温水冲洗干净。

敷15分钟后洗净,可充分滋润足部皮肤。

- **凡士林晚间护理法**

去完角质后,趁足部毛孔张开、血液循环加快时,涂上一层厚厚的凡士林,以保鲜膜裹住双脚后,穿上宽松的棉袜就寝。经过一夜的滋润,次日早晨双足便能恢复润泽。

玉腿秘密大公开

一双白皙的玉腿能为美丽大大加分。关于美腿的标准众说纷纭,但总是离不了洁白、细嫩这类形容词。别再抱怨没有一双天生的美腿,腿部干燥脱皮、橘皮组织大量涌现、皮肤疙疙瘩瘩……其实，一切都有拯救的可能。

击退膝盖黄暗

膝盖部分褶皱较多，不免藏污纳垢，夏天更是暴露在风吹日晒之下，不及时清理，除去老旧角质，膝盖就会又黄又暗。恢复膝盖的白嫩，只需要一支牙膏就能做到。沐浴后擦干身体，在膝盖涂上牙膏，打圈揉搓10分钟左右后洗净。牙膏中含有摩擦剂，美白功能的牙膏中则添加了增大摩擦功能的小颗粒，是膝盖除角质的好选择，但使用牙膏不宜过于频繁，每周不能超过3次。

淘米水美白法

身体的皮肤呈弱酸性，平常使用的肥皂和浴液，多是碱

Point DIY淘米水美腿浴液

- 反复淘洗大米，留下第三道淘米水备用。
- 将淘米水隔夜放置后，倒去上层清水和下层沉淀物，取中间层乳白色的液体，倒入容器中即成淘米水美腿浴液。静置时间以8小时左右为宜，不应超过24小时，以免变质。
- 夏季可以将毛巾在制成的淘米水美腿浴液中浸湿，湿敷腿部20分钟以上。如果有足够的淘米水，可以加入约淘米水1.5倍量的温水后，直接用来擦洗或浸泡双腿。

性，虽然可以洗去油污和皮脂，却易使皮肤干燥紧绷。淘米水中含有丰富的淀粉、蛋白质、维生素等养分，淘米淘到3次以上时，淘米水呈弱碱性，能洗去腿部的皮脂碎屑和污垢，同时调节皮肤的酸碱平衡，避免双腿因皮肤过酸松弛变黑、过碱干燥脱皮。每天持续以淘米水擦洗、沐浴腿部，对美白、润泽皮肤有很大的好处。

紧致皮肤去"橘皮"

以手按压大腿时，皮肤弹性不佳，呈现橘皮般的凹凸不平，这就是恼人的"橘皮组织"。它出现的原因除了脂肪过度堆积，也可能是体重忽上忽下，影响了肌肤的弹性。

＊运动去橘皮

每天半小时以上的快速步行能促进脂肪燃烧、血液流通和淋巴排毒。步行前喝一杯水，能为脂肪代谢提供充足的水分，加强效果。游泳、瑜伽能够活动全身，防止脂肪堆积，也是阻止橘皮组织出现的好办法。

正确的步行姿势为身体向前微倾，腹部微收，迈步时脚后跟先着地，随后脚掌着地，手臂自然随身体摇摆。

＊沐浴去"橘皮"

● 按摩

平常洗澡时，以淋浴喷头配合喷出的水柱在大腿做打圈运动，加强新陈代谢，排除毒素，消解脂肪，有效缓解已经出现的橘皮组织。

- **冰火浴**

  洗澡时，以冷热水交替冲洗大腿长"橘皮"的部位，能够刺激血液循环，紧致结缔组织，消解脂肪。冷热水的最佳温度分别是17℃和40℃。

- **海盐浴**

  从海水中提取的海盐含有丰富的矿物质，将300克的海盐融入37℃的热水中坐浴，能够促进新陈代谢，消除水肿。沐浴后以浴巾包裹身体，让皮肤充分休息15分钟后，以清水淋浴。

抚平"鸡皮肤"

腿上的毛孔里冒出硬硬的小红点，密密麻麻，疙疙瘩瘩，像鸡皮一样，有时还会痒。这不是粉刺，也不是痘痘，而是毛囊角化症。毛囊角化症往往是遗传导致，很难根治，只有平时用心护理和保养才能减轻症状。

1. 洗澡水的温度不宜超过40℃，每月1~2次以天然丝瓜络擦洗双腿，及时去除硬化的角质。
2. 多吃胶原蛋白含量高的食物，如木耳、银耳等，提高双腿皮肤含水量，增强腿部皮肤弹性。
3. 补充维生素A对缓解"鸡皮肤"有良好的效果，平时应多吃胡萝卜、豆制品等。
4. 毛囊角化严重的可用含尿素、A酸、水杨酸的外用药膏，痛痒难忍时应及时就医。

加强保湿蜕"蛇皮"

干燥的秋冬季,小腿正面会出现蛇皮一样裂开的纹路,挠几下还有细小皮屑掉下来。干性皮肤最容易出现"蛇皮腿"的现象,皮肤缺水、严重干燥是引发"蛇皮腿"的最主要原因。只要加强腿部的保湿补水,减轻甚至消除腿部"蛇皮"并不难。

✽ 绵白糖凡士林膏

1. 在凡士林里加入适量绵白糖,搅拌均匀后能明显感到膏体中含有微粒即可。
2. 沐浴后擦干双腿,将混合后的膏状物均匀涂抹在有蛇皮纹的部位,以打圈的手法充分按摩后洗去。最后,在腿部皮肤表面涂抹上一层薄薄的凡士林。
3. 绵白糖细小的颗粒与皮肤摩擦,能够有效去除角质,加强皮肤吸收水分的能力。而凡士林能锁住皮肤表面的水分,防止干燥。持续每天使用,可以促进皮肤代谢速度,保湿补水,润泽双腿。

绵白糖

绵白糖可在食品商店和超市买到,其结晶颗粒比普通白砂糖细小,质地绵软、细腻,蔗糖含量低于白砂糖。

3 局部护理，全方位呵护肌肤

除了白皙靓丽的脸部，纤手、玉足、美腿也是决定女性整体气质不可或缺的部分。和娇嫩的脸部肌肤比起来，手、足、腿更容易打理，也更容易看到成果。平时做好基础的清洁、补水、去角质工作，一旦皮肤出现了短期性问题，及时做好集中、有针对性的护理，相信细嫩、光滑、润泽的肌肤会从脸部蔓延到身体的每一寸，为你带来完美自信的全新感受。

不可忽视的秀颈和美背

护理四部曲，塑造修长美颈

和脸部相比，人们很容易忽略脖颈处的皮肤护理。但颈部皮肤比脸部更薄，皮脂腺和汗腺也较少，加上风吹日晒和频繁活动，皮肤的松弛、皱纹的出现往往会从脖颈开始。追求百分百完美，一定要加强颈部皮肤护理，淡化、抚平颈纹，塑造天鹅般优雅高贵的脖颈曲线，不让美丽有死角。

加强清洁可防老化

颈部皮肤往往比较干燥，所以更容易产生细纹，灰尘混着汗水累积在细纹里，会让美丽大打折扣。疏于清洁还会造成颈部死皮堆积，增加皮肤的负担，使皮肤更加干燥，给皱纹留下可乘之机。

颈部皮肤的保湿能力远不如脸部，因此

一定要选择温和的清洁材料和方法，防止过度清洁造成皮肤干燥、紧绷，甚至产生皮屑。

＊马铃薯泥洁颈法

将两个马铃薯切成小块后放入电锅蒸熟，捣成泥状，加入1匙橄榄油，搅匀后趁热敷在脖子上。以指尖依照从下往上的顺序打圈按摩脖颈，15分钟后用温水洗去。油性皮肤的人若觉

得橄榄油太油腻，也可以用鲜奶代替。持续每周1次以马铃薯泥搓揉脖子，不但能达到温和清洁的效果，还可以让颈部皮肤更加细滑。

定期做滋养颈膜

颈部皮肤极易干燥，通过密集式的护理如定期做颈膜能够及时补充水分和养分，令皮肤水润饱满，不给颈纹和松弛留机会。

按摩加运动阻挡松弛

＊颈部按摩

将双手食指、中指、无名指并拢，轻仰脸部，抬起下巴，

定期做滋养颈膜

水果补水颈膜

油性皮肤每周2次、中性和干性皮肤每周1次，持续使用这款颈膜，能够为颈部皮肤充分补水。混合果汁中丰富的维生素还可以为皮肤提供多种营养成分，以增强皮肤的抵抗力。苹果中的天然果酸对去角质也有促进作用，而蜂蜜则加强了保湿效果，能有效锁住水分，滋养颈部皮肤。

材料

黄瓜半根、小番茄3个、苹果半个、蜂蜜适量。

做法

将所有材料洗净切块后，放入果汁机榨汁，在果汁中加入1匙蜂蜜。将压缩纸面膜或化妆棉充分吸收果汁后，展开敷在清洁后的颈部，停留20分钟，再以温水洗净即可。

蛋黄橄榄油滋养颈膜

蛋黄中的维生素E含量很高，能够抵抗氧化，延缓颈部衰老。而橄榄油能安抚、滋润皮肤，缓解皮肤的干燥与不适。持续每周做1~2次蛋黄橄榄油滋养颈膜，能够保持颈部皮肤光滑饱满、水润细嫩，淡化、减少颈纹。

材料

新鲜蛋黄2个、橄榄油适量。

做法

将新鲜蛋黄放入碗中，以筷子沿同一方向不停搅拌，每隔两三分钟加入2~3滴橄榄油，直到蛋黄呈现沙拉酱状的浓稠感。清洁脖颈后，将蛋黄橄榄油的混合物均匀涂抹在皮肤上，15分钟后洗净即可。

3 局部护理，全方位呵护肌肤

用三指前端由下而上推动皮肤，从锁骨处开始，轻推至下巴。动作重复10次，可有效拉升皮肤，减少脂肪堆积，预防颈部松弛。

再次并拢食指、中指、无名指，用三指前端从耳后开始，以打圈的手法轻轻按摩至颈后。然后用三指从耳后沿斜下方向颈后推动。这组动作重复10次，能促进颈部的血液循环，增强细胞的活力，不仅能够预防皱纹，还能有效缓解颈部酸痛。

凡士林有润滑作用，可减轻手指与皮肤之间的摩擦，避免过度拉扯造成颈纹加深。芦荟胶补水保湿，维生素E滋润营养，使用下页这款按摩霜，可增进颈部皮肤对水分和营养物质

Point 珍珠粉美白颈膜

这款颈膜利用了珍珠粉的美白功效和鲜奶的滋润作用，可充分润泽皮肤，塑造细嫩白皙的美颈。珍珠粉有一定的去角质作用，因此这款颈膜以每周1次为宜，干性肤质和敏感肤质的人可根据个人情况延长使用间隔。

面粉10克、珍珠粉半匙、鲜奶适量。

将所有材料放一起搅拌均匀。清洗脖颈后，将糊状物涂抹在颈部皮肤之上。以保鲜膜包裹住颈部后，用毛巾在外热敷，静候15分钟后洗净即可。

> **Point 自制颈部按摩霜**
>
> 将1粒维生素E胶囊挤破,滴入10克左右的凡士林中,再加入豆粒大小的芦荟胶,以棉签将所有材料搅拌均匀。按摩前先清洁颈部,涂上一层薄薄的按摩霜后再进行按摩。

的吸收,达到事半功倍的效果。

* 1分钟颈部保健操

抬起头,让颈部缓缓后仰,尽量使脸部与天花板保持水平,保持此姿势5秒钟;头部慢慢向前倒,尽量使脸部接近胸部,保持此姿势5秒钟;将这组动作重复3次。最后,颈部像钟摆一样左右摆动,使头部分别向左右两肩贴近,以拉升颈部两侧的肌肉,重复10次。

1分钟颈部保健操简单易学,适合经常坐在办公室、缺乏运动的白领。持续每天早晚做1次,能防止颈部皮肤的松弛下垂,还可以预防颈椎疾病。

养成预防颈纹的好习惯

1. 颈部和脸部一样,每日抛头露面,补水和防晒工作不容忽视。此外,天气干冷、风沙较大时,外出应系上围巾,不仅保暖,还能减轻寒风对皮肤造成的水分损耗。

2. 洗脸时以冷水拍洗颈部，能够紧致皮肤，预防松弛。热水会破坏皮肤表面的皮脂，加速皮肤的老化和干燥，所以应当避免以过热的水清洗颈部。
3. 经常伏案工作的人，每隔一两个小时应适当活动颈部。颈部感到疲劳、酸胀时，可以用毛巾热敷5分钟，以促进颈部皮肤的血液循环，增强细胞的活力。
4. 长时间枕在过高的枕头上，会令颈部长时间处于弯曲状态，加速颈纹的产生，所以应当选择较平的枕头。一般来说，成年女性仰卧时适合的枕头高度在5～8厘米之间，侧卧时可以适当增加2～4厘米。

背部问题"大扫除"

尽管大多数时候背部肌肤"露脸"的机会不多，但千万不要等到吊带衫、比基尼、露背礼服这些性感的服装当前，才意识到白嫩无瑕的背部肌肤多么重要。打造完美形象，需要细节的尽善尽美，背部肌肤当然也要无可挑剔。长痘、粗糙、晒黑、瘙痒，这些问题一个都不能有。

预防背部痤疮

后背是除了脸部之外，人体皮脂腺分泌最旺盛的部位，除此之外，背上的汗腺也很发达，如果不注意清洁，背部很容易毛孔堵塞。有些服装质料透气性差，覆盖后背，使之成为细菌的温床，滋生痘痘和粉刺。脸部祛痘、除粉刺的方法也适用于背部，但痤疮应以预防为主，预防背部痤疮应从以下几个方面多加注意：

1. 贴身衣物的选择以透气、吸汗为佳，纯棉材质的内衣是很好的选择。
2. 淋浴时洗发，护发素很容易流到后背上。护发素中的油脂和其他滋养成分，会令背部的皮肤更加油腻，加重毛孔负担。洗澡时应当尽量避免护发素与背部接触。
3. 洗澡时，在沐浴液中滴入1~2滴有消炎功能的茶树精油，以手搓出泡沫涂抹在后背上。使用天然粗麻材质的搓澡手套，稍微用力刷洗后背，能够在疏通毛孔的同时，消炎杀菌，杜绝痘痘和粉刺的滋生。

赶走背部粗糙

很多人的后背手感很差，摸起来粗糙刺手，也显得暗沉发黄，缺乏光泽。这往往是角质层变厚、死皮堆积造成的。背部不能光靠沐浴时简单清洗，只有深层清洁、去除角质的功夫做到家，背部才能恢复细致柔滑。

*软毛长刷去角质

在个人护理用品店选一把一端带有软毛的长柄刷，刷毛的材料以猪鬃最好。沐浴15分钟后，两手交替拿着刷子由下往上刷洗后背，重复5~10次。然后再以毛刷在后背处打圈搓洗5分钟左右。细软的刷毛能够深入清理毛孔，去除后背堆积的角

DIY背部去角质膏

玉米粉的颗粒比面粉粗硬，能够磨去背后死皮。柠檬精油则能调节皮肤的油脂分泌，收敛粗大的毛孔。持续每1～2周使用1次，能够保持背部肌肤光滑、柔软、细致。

玉米粉20克、鲜奶适量、柠檬精油1滴。

将鲜奶加入玉米粉中，调成糊状，再滴入柠檬精油即可。沐浴15分钟后，以粗麻搓澡手套或软毛长刷，蘸取去角质膏，稍微用力搓洗后背后冲净即可。

质，同时刺激背部肌肤的新陈代谢，促使角质自行脱落。

告别晒伤、晒黑

想要晒伤和晒黑的后背恢复原来的细嫩白皙，必须加大补水、美白两大基础护理的力度。及时补水能够镇静遭受日光刺激的肌肤，缓解晒伤对背部皮肤的伤害；而美白护理则可让晒黑后的皮肤更快恢复白皙和光泽。

拒绝后背红点

后背密密麻麻的红点会影响美观，时常伴着瘙痒，有时还会蔓延至肩部，更令人感到尴尬。

告别晒伤和晒黑

薰衣草体膜

乳酪中营养物质非常丰富，能够为晒伤后干燥、缺水的皮肤提供充足的养分。薰衣草精油则可以镇静、安抚晒伤的肌肤，促进皮肤尽快修复。

材料
无糖鲜乳酪50克、薰衣草精油2滴。

做法
将无糖鲜乳酪放在微波炉中，以中火加热1分钟使之融化，滴入薰衣草精油。淋浴后以软毛巾擦干背部，将体膜均匀敷在后背上，20分钟后以温水洗去。

豆腐补水体膜

豆腐含有大量的水分和蛋白质，能够为受伤的皮肤补水保湿，并通过补充蛋白质滋养、收敛皮肤。鲜奶能美白消肿，冰镇后的鲜奶则可安抚、修复肌肤，对舒缓晒伤造成的不适，镇静、修复受损肌肤有很好的效果。皮肤虽然呈弱酸性，但豆腐的碱性较弱，一般不会对其造成伤害。但当背部因晒伤出现红肿或破损时，不能够使用这款体膜，敏感皮肤应当在小面积的皮肤做过敏性测试后方可使用。

材料
嫩豆腐500克、鲜奶100毫升、面粉适量。

做法
1. 将嫩豆腐切成小块，以纱布包裹后将豆腐块捏碎成末儿。将鲜奶放入冰箱中冷藏10分钟后，倒进豆腐末儿中，再加入适量的面粉，充分搅拌使其成为略稀的糊状。
2. 沐浴后擦干后背的水分，脸部向下平躺在床上，将鲜奶豆腐糊敷在背部晒伤的部位，15分钟后以温水洗净。

如果后背瘙痒在夜间明显强烈，背上的红点很可能是螨虫感染造成的。后背肌肤油脂分泌过多，又难以通风透气，容易滋生螨虫。硫黄皂清洗后背能够治疗轻微的螨虫感染，红色小点也会渐渐消退。但螨虫感染非常严重使人痛痒难忍时，需要及时就医。

＊优酪乳除螨

将原味无糖优酪乳涂抹在后背红痒处，敷15分钟左右洗净即可。期间会有轻微的刺痛感，这是因为优酪乳的酸性对螨虫有一定的刺激，使其无法寄生在毛孔中，从而达到除螨效果。

＊鲜芦荟除螨

将芦荟叶中的汁液挤出，涂抹在后背红痒处，皮肤会有刺痛的感觉，并慢慢变红，伴随着轻微的瘙痒。约15分钟后，皮肤的红痒渐渐消退，洗去芦荟汁即可。芦荟中含有大量消毒杀菌的芦荟酊，能杀死螨虫。敏感皮肤的人可将芦荟汁以纯净水稀释后冷敷皮肤，皮肤严重敏感者不宜使用。

后背萌发红点也可能是皮肤过敏引发的，特别是敏感肤质的人更容易出现这种状况。后背的角质层比脸部厚，对药物的耐受力也更强，涂抹医用的炉甘石洗剂和氧化锌洗剂，可安抚皮肤、清凉解毒、舒缓不适，能有效缓解皮肤的过敏症状。

完美肌肤自然要360度无死角，颈部、后背这些易被忽视的细节，往往更容易体现精致的品位和高贵的气质。塑造修长玉颈、呵护无瑕美背，需要像对待脸部皮肤一样，做好耐心细致的护肤工作。对可能出现的问题，要及早预防，进行密集护理。比起脸部，颈部、后背的皮肤护理更容易见到成效，为爱美之人收获更多的精致优雅。

巧妙去除体毛

与体毛有关的知识

人体所有毛发统称为体毛,包括头发、眉毛、睫毛、汗毛等。

体毛可以分为毛干、毛根两部分。肉眼能看到的是体毛露出皮肤的部分,属于毛干。毛干里含有黑色素细胞,因此毛发呈现黑色。埋在皮肤内的是体毛的根部即毛根,又可以分毛囊和底端膨大的毛球。一根完整的体毛,毛根往往较粗,离毛囊越远的部分越细,整体呈细丝状。

体毛能保护皮肤、调节体温。大部分细软的汗毛,比如脸部、手背的绒毛,不会影响到肌肤的外观。但是,手臂、双腿的毛发却常常给爱美之人带来困扰,去除体毛已经成为女性重要的皮肤护理问题。

拔除法除毛步骤

❶ 毛发较长的人，先以小剪刀将体毛剪短，留出约0.5厘米左右的长度。

❷ 最好先洗个热水澡，温度较高的蒸气能帮助皮肤打开毛孔，使拔除体毛时的疼痛感降低。如果无法洗热水澡，可以先以热毛巾热敷脱毛部位10分钟。

❸ 拔除体毛后，以冰水浸透的化妆棉敷在脱毛部位，及时收缩毛孔，防止毛孔变大。

❹ 除毛后，油性皮肤、中性皮肤可在脱毛部位轻轻拍上薰衣草纯露，干性皮肤涂上一层薄薄的荷荷巴油，能够镇静、安抚肌肤，促进受损细胞的再生，加速皮肤的修复。

逐根拔除法最彻底

拔除法是指将体毛从毛孔中连根拔起的方法。这种方法虽然不能从根本上阻断毛发的生长，但新的体毛生长出来需要一定时间，所以相对而言，效果较为持久。新生毛发细软，再次除毛也会更方便。

拔除法需要逐根拔除毛发，耗时较长，痛感明显。它最大的缺点在于拔除毛发的过程中会拉扯毛孔，使毛孔周边的结缔组织受到损伤变形，肌肤因此出现松弛和老化。操作不当时还有可能损伤皮肤，导致流血。所以，拔除法不适合长期使用。

拔除体毛时需要使用美容专用的除毛镊。专用除毛镊一般以不锈钢制成，硬度高、弹性好，对口处紧密整齐，能轻易夹取细软的毛发，拔除毛发时干净利落，能将对皮肤的伤害降低到最小。

拔除法注意事项

使用拔除法去除体毛后，新生的毛发柔软细小，有可能因无法冲破角质层而逆向生长，造成毛发内生，进而引发毛囊发炎，毛孔长出红色丘疹，甚至脓包，影响皮肤健康和美观。防止毛发内生的最好办法是除毛前进行一次去角质工作，防止死皮堆积。

不要强行拔除埋藏在毛孔中的毛发。有些毛发长在角质层较厚的部位，毛根埋藏较深，只露出少量的毛干。强行拔除可能会破坏皮肤的真皮层,导致毛囊红肿发炎。正确的做法是加强去角质的护理,并等待毛发长出体表之后再拔除。

除毛应当避开生理期,尤其是比基尼部位的除毛工作。生理期时,女性的免疫力和对疼痛的忍耐力都会下降,这时使用拔除法除毛,不仅会增加疼痛感,还更容易出现感染。

无痛刮除体毛法

使用剃毛刀或脱毛器去除皮肤表面的毛发,称作刮除法。刮除法最大的优势在于无痛无刺激,对皮肤的伤害最小,因此可以用在所有需要除体毛的部位,特别是毛发粗硬的腋下和比基尼部位。

但刮除法只能刮去体毛的毛干,并不能像拔除法那样"斩草除根",所以效果并不持久。为了防止毛发生长后从毛孔中露出毛渣,需要每隔一段时间刮除一次。

刮除法注意事项

不要在皮肤干燥的情况下进行"干刮"。刮刀与表皮的摩擦,会使皮肤产生灼热感,有可能引发过敏。刮除体毛前,在脱毛部位涂抹上肥皂泡、浴液或乳液,能够增加润滑效果,减少刮刀与皮肤间的摩擦,令除毛更轻松。

尽量选择专为女士设计的剃刀或电动脱毛器。男士剃须刀的刀头设计专门针对下巴曲线,刀片锋利程度更适合硬度较大的胡茬，不能用来刮除体毛。

刮除毛发时应顺着毛发的生长方向，能将刮刀对角质层和毛孔的伤害降低到最小。逆向刮毛虽然刮得更干净，但是很容易令皮肤变得粗糙，甚至引发皮肤敏感。

对粗硬难除的毛发，可以用刮刀反复刮除，但推动刮刀时手法应当轻柔。

刮除法虽然对皮肤的伤害小，但天天除毛也很容易让毛孔变大、角质层受损，所以除毛后最好能够给皮肤一定的修复时间，两到三天后再进行第二次除毛。

刮除法的误解大澄清

*体毛会越刮越粗吗

民间流传说"体毛会越刮越粗"，事实上，这是一种错觉。自然生长的毛发根部粗、梢尖细，锋利的剃刀将体毛从中间截断，露出体毛的斜截面，和原来从毛孔中露出的梢尖比起来，确实要粗一些。但这只是一种视觉感受，体毛并不会真的越刮越粗。

*泡澡时除毛更轻松

许多人认为泡澡时毛孔张开，能够使除毛过程更轻松。事实上，洗澡时，皮肤会因遇热和吸水有轻微的肿胀，短小的体毛很容易隐藏在毛孔中剃不干净。同时，热水会对角质层的皮脂膜产生刺激和破坏，皮肤因此变得紧涩，增大刮刀和皮肤间的摩擦力，除毛时会感到更费力，刀片对皮肤的伤害也更大。

柠檬黑糖浆除毛法

❶ 黑糖加适量的水融化后，大火加热到沸腾，然后加入与黑糖等量的柠檬汁，冷却后呈膏状备用。

❷ 沐浴后以画圈的方式按摩、放松腿部。使用美体毛刷从下往上以画圈的方式轻刷腿部皮肤，去除身体多余角质和皮肤代谢废物。

❸ 将柠檬黑糖浆顺着毛发生长的方向，均匀在腿上涂抹一层。

❹ 在腿上敷一层温热的湿棉布，感觉到皮肤发紧。糖浆微干后，逆着毛发生长方向快速掀起棉布。毛发随着棉布被扯下，过程会有轻微的痛感。

❺ 洗净腿部后，用冰镇的清水湿润毛巾，轻轻擦拭除毛后的部位，以收缩毛孔。

> **Point 美体毛刷**
>
> 美体毛刷配有柔软的刷毛，能有效去除身体表面的死皮，促进血液循环，尤其适合干燥需要经常除角质的皮肤，同时还可作为按摩工具。在大型超市或美容保养用品店可以买到。

所以，除毛的最佳时机是在洗澡后、皮肤保持着略微湿润的状态时。

天然材料黏除体毛

黏除法是利用某些特殊物质的黏性将毛发连根除去。这种方法和拔除法一样，效果比较持久，但除毛过程会有痛感。美容院里常用的蜜蜡除毛就属于黏除法。

很多天然材料都可以用作黏除法除毛的材料，因此黏除法的取材非常方便。它对皮肤和身体的伤害比较小，而且可以一次性去除大面积的体毛。但对短小、粗硬的体毛，黏除法的效果非常有限，它更适合毛发较长的、细软的手臂和小腿部位。

漂白、淡化体毛

除非借助仪器和药物，否则无论采取哪种方法去除体毛，总不能避免体毛的再生。但是，抓住除毛后的好时机，淡化体毛，让它们看起来呈现淡肤色或接近透明，也能达到与去除毛发异曲同工的效果。

黑黑的体毛让光滑白嫩的完美肌肤如临大敌，眼花缭乱的除毛方式让人无从选择。市面上的除毛剂，主要成分是巯基乙酸，对皮肤刺激很大；去美容院做脱毛手术一劳永逸，但昂贵的费用让人望而却步。只有选择合适的除毛方法和正确的除毛手法，才能最大程度降低除毛对皮肤的损伤，摆脱体毛的尴尬，回归光洁清爽，令美丽与健康同在。

Point 自制豆浆除毛露

豆浆除毛露冷藏保存，可以半个月不变质。豆浆中含有丰富的大豆异黄酮，能够延缓毛发生长速度，而柠檬中的维生素C能够抑制黑色素生成，使毛发变细、变淡。

柠檬1~2个、豆浆300毫升、药用酒精30毫升。

柠檬榨汁，过滤后备用。在干净的容器中加入300毫升豆浆，小火加热，加热过程中要不断搅拌。豆浆微微冒出泡沫时，倒入柠檬汁，继续搅拌，待豆浆出现少许凝固时关闭热源。在豆浆中加入30毫升药用酒精，冷却后喷洒或敷在腿部需要除毛的位置，半小时后清洗。